【ヴィジュアル版】

世界植物探検の歴史

地球を駆けたプラント・ハンターたち

キャロリン・フライ[著]
Carolyn Fry

甲斐理恵子[訳]
Rieko Kai

原書房

THE PLANT HUNTERS

The adventures of the world's greatest botanical explores

ヴィジュアル版

世界植物探検の歴史

地球を駆けたプラント・ハンターたち

Carolyn Fry
キャロリン・フライ［著］

Rieko Kai
甲斐理恵子［訳］

原書房

謝辞

　本書のリサーチのために貴重な時間を割き、専門的な知識や経験を提供してくれた方々に感謝を捧げたい。キュー王立植物園のミシェル・ロス、クレイグ・ブロフ、マリリン・ウォード、ジュリア・バックリー、リディア・ホワイト、ジーナ・フララヴ、リン・パーカー、マーク・ネスビット、トニー・カーカム、スティーヴン・ホッパー、コリン・クラブ、クリストファー・ミルズ、アン・マーシャル、フィオナ・エンズワース、リズベス・ゲイル、マリー・ハンフリーズ、エマ・ミルネス、トレイシー・ウェルズ、ナイジェル・ヘパー、マーティン・リックス、アナ・クエンビー、ナターシャ・アリ、カラニ・シーモア、ナイジェル・テイラー。ミレニアム・シード・バンク・プロジェクトのポール・スミス、フィオナ・フェイ。植物園自然保護国際機構のサラ・オールドフィールド。西オーストラリア州環境保護局のグレッグ・ケアリー。フロリダ州立大学人類学部のチェリー・ウォード。そしてクリュッグ・ファーム・プランツのブレディンとスー・ウィン＝ジョーンズ夫妻。また、ヴァネッサ・ドブニーとカールトン・ブックスのチームにも感謝を。彼らのおかげで、元のタイプ原稿がこんなに美しい本に生まれかわった。

原書出版社より

　長年のあいだに、さまざまな理由で多くの植物の分類が厳密化されてきた。本書では、新旧の名称が混在している。新名称は、なんらかの混乱が生じそうな場合に使用され、オリジナルの旧名称は、その植物が発見されたり図版化されたりした時代を踏まえて継続使用されている。

図版クレジット

All images unless otherwise stated © The Board of Trustees of the Royal Botanic Gardens, Kew. The publishers would like to thank the following additional sources for their kind permission to reproduce the pictures in this book.

Key: T=Top, B=Bottom, C=Centre, L=Left and R=Right

Addioson Publications Ltd: /Plate 6 from Volume One of The Highgrove Florilegium by Mayumi Hashi "Magnolia sieboldii" Copyright AG Carrick Ltd: 129BR

akg-images: 63T; /Gilles Mermet: 61R

Alamy: /blickwinkel: 149B; /David R. Frazier Photolibrary, Inc.:77Br; /The London Art Archive: 76BR; / The Natural History Museum: 69; /North Wind Picture Archives: 76BR; /Karsten Wrobel: 154

Arnold Arboretum of Harvard University: Nancy Rose: 91T

Art Archive: 102T; /Bibliothéque des Arts Décoratifs Paris /Gianni Dagli Orti: 124; /Eileen Tweedy: 24; / Uppsala University Library Sweden/Gianni Dagli Orti: 48T

William Baker: 152

Botanic Gardens Conservation International: 138T

The Bridgeman Art Library: /British Library, London, UK, ©British Library Board. All Rights Reserved, The Crusher Squeezes Juice from the Cane, Antigua, 1823 (print), Clark, William (fl.1823): 95T; /British Library, London, UK, ©British Library Board. All Rights Reserved, Smokers in an opium den, from 'The Evils of Opium Smoking', (bound in an album, colour on paper): 99B; /Collection of the New York Historical Society, USA, Poster advertising The Great American
Tea Company, Importers and Jobbers of Teas (colour litho), American School, (19th century): 106BR; / Flemish School/Private Collection, Map of The Moluccan Island, engraved by Jodocus Hondius (color engraving); 18; /Johnny van Haeften Gallery, London, UK, The Return to Amsterdam of the Fleet of the Dutch East India Company in 1599(oil on copper), Eertvelt, Andries van (1590-1652): 98C; / Osterreichische Nationalbibliothek, Vienna, Austria, Alnari, Nova 2644 fol. 12r Picking Cherries, from the Tacuinum Sanitatis Codex Vindobonensis (vellum), Italian School, (14th century): 127; /Private Collection, Photo ©Christie's Images, On the Orinoco, Venezuela, 1857 (oil on board), Mignot, Louis Remy (1831-70): 60T; /Private Collection, © Michael Graham-Stewart, 'How the white man trades in the Congo State: bringing in rubber and hostages'(monochrome washes on card), Haenen, Frederic de (fl.1896-1920): 113TR; /Private Collection, The Stapleton Collection, A View near the Roode Sand Pass at the Cape of Good Hope, engraved by J. Bluck (fl.1791-1831) 1809 (aquatint), Salt, Henry (1780-1827): 67B; /Private Collection, The Stapleton Collection, South East View of Fort St.George, Madras, plate 33 from 'Oriental Scenery: Twenty Four Views in Hindoostan', engraved by Thomas and William (1769-1837) Daniell, published 1797 (colour litho), Daniell, Thomas (1749-1840): 98B; /Private Collection, The Stapleton Collection, Portrait of Georg Dionysius Ehret (1710-70) engraves by Johann Jakob Haid (1704-67) (engraving), Heckel, Anton (1745-98): 125

British Library Board. All Rights Reserved: /(A678):13

Corbis: /Leonard De Selva: 43T; /Global Crop Diversity Trust / epa: 153T; /Eileen lees: 22; /NASA Hubble Space Telescope /epa: 156B; /Greg Procst: 135T

John Dransfield: 141

Getty Images: / AFP: 8, 135BR, 157T; /Time & Life Pictures: 10T

Greg Krighery: 143BL

Linnean Society of London; 48BL, 48R, 48BR

Mary Evans Picture Library: 30T, 43R, 94, 98T, 103T

Museum of Garden History: 34

Photolibrary: /JTB Photo: 90B

Science Photo Library: /Adrian T Summer: 148T

Every effort has been made to acknowledge correctly and contact the source and / or copyright holder of each picture and André Deutsche Limited apologises for any unintentional errors or omissions which will be corrected in future ediotions of this book.

トリコネマ・スペシオサム
Trichonema speciosum
『カーティス・ボタニカル・マガジン
〈Curtis's Botanical Magazine〉』
（1812年）より。

目次 *Contents*

❖ **はじめに**────006

1　プント国から運ばれた植物────────────009

2　東洋の植物を西洋へ────────────013

3　東洋のスパイスを求めて────────────017

4　薬草園の誕生────────────021

5　カロルス・クルシウスとチューリップ・バブル────029

6　植物採集を職業に変えたトラデスカント一族────035

7　ヨーロッパに持ち込まれた異国の植物────041

8　カール・フォン・リンネと植物の命名────047

9　サー・ジョゼフ・バンクス────────────053

10　南米の植物採集────────────059

11　フランシス・マッソンの南アフリカ探検────065

12　地球の反対側の豊かな植物────────────069

13　北アメリカの野生種────────────075

14　ヒマラヤのジョゼフ・フッカー────081

15　東洋の宝探し────────────089

16　サトウキビの犠牲────────────093

17　インドを支配した貿易会社────097

18　植民地の試み────────────101

19　中国からインドへ運ばれたチャノキ────105

20　世界にまかれたゴム産業の種────111

21　ランへの情熱────────────117

22　芸術の新ジャンル────────────125

23　稀少植物の保護────────────133

24　現代の植物園の役割────────────137

25　現代のプラント・ハンター────141

26　植物界の侵略者────────────147

27　未来のための種子の備蓄────151

28　気候変動の影響────────────155

❖ **索引**────158

はじめに

　近頃は、世界各地の植物で庭をいっぱいにするのは簡単だ。輸送手段の発達と栽培技術の進歩によって、かつてはアマゾンの熱帯雨林やサハラ砂漠でしか育たなかった花々も、今なら誰でも園芸店で買うことができる。また、以前は太平洋の島々でしか採れなかったスパイスや、南米特有の熱帯性気候を好む果物や野菜が、世界各国のスーパーマーケットに日常的に並んでいる。

　しかし、植物はいつでも簡単に手に入ったわけではない。現在多様な野生種や栽培変種を当たり前のように目にできるのは、植物採集と栽培を手がけた多くの先達の偉業のおかげだ。物資の大量輸送や植物の商品化以前の時代、植物標本を手に入れるために探検家は命がけで遠隔地へ赴き、国同士は食用植物をめぐって戦い、大国は植物由来の商品取り引きを足がかりに植民地を拡大した。

　採集した植物を世界各地へ運ぶ先駆けとなったのは、薫香木をプント国からエジプトに運んだ紀元前15世紀のエジプトのファラオ、ハトシェプストだ。当時、ミルラノキやニュウコウジュ等の薫香木の樹脂は、さまざまな病気の治療薬として使われたほか、宗教儀式でも用いられた。その後、天下無敵のローマ軍やイスラム教徒軍が実用的な植物を征服地へ持ち込んだ。イギリスにクルミやイチジクをもたらしたのも、当時のブリタニアに侵攻したローマ人である。

　15–16世紀に盛んだった遠征航海を活気づけたのは、スパイスをめぐる欲望だった。クリストファー・コロンブスの大西洋横断も、ヴァスコ・ダ・ガマのインド到達も、マゼランの史上初の世界一周航海も、後押ししたのはクローブやナツメグ、メースを入手したいという西欧諸国の願望だったのだ。やがて、植物学者が新たな環境で植物を栽培する技術を確立すると、遠方の国で入手した種子をこっそり密輸してプランテーションを作ることが国の富を増やしたり、ときに奪ったりする鍵になった。

　専門家の見積もりによると、現在分類されている地球上の植物種は4分の3に過ぎない。そのため、プラント・ハンターの役割はまだまだ終わらないだろう。しかし、かつては世界各地の植物をどこへ移動してもその影響が顧みられることはなかったが、現在は原生地の保護の必要性がより意識されるようになった。地球上の植物種の半分を絶滅に追いやりかねない環境破壊や気候変動に直面する昨今、植物学者は生物の多様性の維持という重責を担っている。彼らがその責任を果たさなければ、後世で役立つかもしれない植物が、発見される前に消えてしまう危険性もあるのだ。

　本書が伝えるのは、過去と現在のプラント・ハンターの物語だ。彼らが植物採集のために重ねた努力のおかげで、現在の世界が形作られた。私は多種多様な資料を用いてリサーチを行った。直筆の日誌や刊行物はもより、伝記等の文献も補助的に活用した。各章に配された豊富な図版には、現代の写真と歴史あるイラストの両方を用いた。また、美しく再現されたオリジナル資料のコピーもあり、キュー王立植物園が所蔵する未発表の資料はその一例だ。こうした資料は、植物採集の先駆者たちの物語に新たな一面を加えてくれた。今日私たちが多くの植物に囲まれ、花々を楽しむことができるのは、誰も足を踏み入れたことのない未開の大地に分け入った彼らプラント・ハンターのおかげなのである。

2009年
キャロリン・フライ

プント国から運ばれた植物

記録に残る最初のプラント・ハンターは、紀元前15世紀のエジプトのファラオ、ハトシェプスト女王だ。「上エジプトと下エジプトの王」として、約20年間統治した。上エジプトはエジプト南部のナイル川流域一帯を、下エジプトは北部のナイル川デルタ地帯を指す。国民には女性であると知れ渡っていたが、顎髭をたくわえ男性を装っていた。芸術作品でもたいてい男性の姿で描かれる。彼女の統治時代、エジプトは平和と繁栄を謳歌し、芸術活動が盛んになり、後世に残る絵画や彫刻、神殿が誕生した。ハトシェプストの植物収集の偉業を知ることができるのも、そのおかげだ。

ルクソールの王家の谷近くにあるデル・エル・バハリのハトシェプスト女王葬祭殿のテラスには、異国の品を集めるために女王がプント国に派遣した5隻の船のレリーフがある。フリーズと呼ばれる柱の装飾部には、2隻の船で到着した船乗りたちと、前に進み出て彼らを歓迎するプント国の王パラフが描かれている。その後の場面では、黒檀、大小の猿、犬、ヒョウの皮、さらには「神の国のあらゆるかぐわしい木々、大量のミルラ樹脂（没薬）、ミルラノキの瑞木」が船に積まれている。無事にエジプトに運ばれた香木は、全部で31本だった。

左ページ：ハトシェプスト女王像。男性を装い顎髭をたくわえている。

右：ボスウェリア属〈Boswellia〉のニュウコウジュから採った樹脂（乳香）。樹皮に傷をつけると樹脂が染み出し、空気に触れて固化する。

長年研究者のあいだでは、この謎めいたプント国がエジプト南部のアフリカなのか、紅海の向こうのイエメンをはじめとするアラビアの国なのか、意見が分かれてきた。そこで女王葬祭殿のレリーフの細部と、後年アメンメセス（ハトシェプストの約80年後のアメンホテプ3世に仕えた大臣）の墓に描かれたプントの住人の姿が検証され、プント国の場所の特定が試みられた。

資料や情報の多くは紛らわしい。たとえば、葬祭殿のレリーフの「プント人」は、アフリカよりアラビアの人々の特徴を備えているように見えるが、アメンメセスの墓の方はアフリカンに近く見える。さらに、ハトシェプストのレリーフにはキリンが描かれているためアフリカを思わせるのに対し、アメンメセスの墓に施されたサイは角が1本なのでアジア系、つまりアラビア地方を示唆している。一方、乳香やミルラ樹脂が採れる木やピスタチオノキは、アフリカでもアラビアでも生育する。

現在、研究者はエジプトにもたらされた樹脂がミルラだったとは特定していない。ニュウコウジュかテレビンノキ、どちらかの樹脂だった可能性もある。テレビンノキはピスタチオの仲間で、樹皮から香り高い樹液が採れる。現在は食用のナッツが生るピスタチオ〈Pistacia vera〉のほうがなじみ深い。しかし、エジプトで香り高い樹脂が広く使われていたのは周知の事実だ。樹脂を神殿で燃やしたのは、神々が大気を介してその煙に降臨すると信じられていたためだ。同じように、死者の魂は墓所で燃やした樹脂の煙で運ばれると考えられた。テレビンノキの樹脂が墓

プント国はどこにあったのか

　古代エジプト第17王朝の地方領主セベクナクフトの墓所には、プント国の場所を特定するもっとも有力な証拠がある。2003年に専門家が墓所を調査したところ、エジプト南部に位置するクシュ王国によるエジプト侵略を詳述した3500年前の碑文が発見された。そこにクシュの同盟国として、近隣民族のワワトとメジョー、そしてプントが列挙されていた。そのため、プントはクシュのごく近くに位置していた可能性が高い。おそらく、2000キロ離れたアラビアよりも、現在のエリトリアやエチオピア、ソマリアの辺りが有力候補だろう。

下：ハトシェプスト女王葬祭殿のレリーフ。プント国の植物や多くの品々がエジプト行きの船に積み込まれている。

左上：コンミフォラ属〈Commiphora〉から採れるミルラ樹脂。15世紀まで防腐処理用の軟膏として使われた。

右上：ツタンカーメンの墓所で発見されたジュニパーベリー（西洋ネズの実）。専門家はギリシアからエジプトに輸入されたと考えている。

左下：同じくツタンカーメンの墓所でみつかったナツメヤシの実。古代エジプトでもっとも一般的な果実だった。

右下：古代エジプトでは化粧品の原料としてアーモンドがよく使われた。

所の絵を保護する塗料として使われた証拠もある。プント国から運ばれた木が何であれ、それがきっかけで世界各地の植物の移動が始まった。その流行は今日まで続いている。

ピスタチオ
Pistacia vera
アンリ＝ルイ・デュアメル
『フランス樹木誌
〈*Traite des arbres et arbustes...*〉』
（1800年）より。
ピスタチオ〈*Pistacia vera*〉には
ピスタチオ・ナッツが生る。

難破船が示す証拠

　トルコ南部カシュ付近のウルブルンで発見された難破船は、太古の時代にテレビンノキが重要な商品だったことを証明した。王家の船と思われるその難破船には、1000キロのテレビン樹脂を入れた150個のカナンの壺が積まれていたのだ。そのほかに、エジプトのアフリカン・ブラックウッド〈*Dalbergia melanoxylon*〉の丸木や、ザクロ入り貯蔵壺、象牙、カバの歯も積まれていた。2枚の木を象牙の蝶番でつないだノートのような書記板も、2組みつかった。最大の積み荷は10トンのキプロス島産の銅だった。専門家は、この船が沈没したのは紀元前1306年頃と推定している。

リーキ
Allium porrum
フランソワ・ルノー
『有用植物誌〈*La botanique mise a la portee de tout le monde*〉』(1774年)より。
ローマ人は、タマネギやニンニクよりもリーキのほうが上質だと考えた。

2

東洋の植物を西洋へ

　1万–3500年前にかけて、さまざまな場所のさまざまな人間集団が遊牧生活から農耕生活へ移行した。この転換のきっかけは、少なくとも数カ所では、気候の変化で自然の食糧源が手に入りにくくなったためと言われている。それ以来、他国を征服した強国は食糧や薬剤、建材として役立ちそうな植物を選び取り、自国の資源を増やすために利用してきた。ギリシアの哲学者にして科学者のテオプラストス（紀元前372–287年）は、同時代のアレクサンダー大王が軍を率いてペルシア、エジプト、シリア、メソポタミア、バクトリア、パンジャブへ遠征した際に植物を持ち帰るよう進言した。テオプラストスは現存するヨーロッパ最古の植物学の専門書『植物誌〈Enquiry into Plants〉』も著し、地元の地中海近郊の植物相に加え外国の植物にも言及しているが、それらはアレクサンダー大王の遠征に同行した植物学者が採集したものかもしれない。アレクサンダーの臣下がインドで発見し、現在は世界各地で利用されている植物のひとつがワタだ。彼らは、ワタの種子から生じる繊維で織物を作ると、ほかのどんな布地よりもきめ細かく白い生地になることに目を留めた。陸上の交易路が整い綿やシルクの衣類といった製品のやりとりが始まると、東洋から西洋への植物の移動も加速した。

　のちにローマ軍は、新たに征服した土地へ別の土地の植物をもたらすようになる。紀元前2世紀、ローマ人はかつてのギリシア人の土地を奪い始め、その世紀末には東地中海世界全体を支配下に置いた。紀元前146年からは、ローマ帝国の覇権は現代のモロッコ、アルジェリア、チュニジア、リビアを網羅する北アフリカにまで及んだ。その北アフリカの広大な土地で、巨大化する帝国の胃袋を満たすために小麦、トウモロコシ、大麦、オリーブが大量に栽培された。ロンバルディア、トスカナ、シリア、アンダルシアにはブドウも植えられたようだ。紀元前50年にはガリア（現フランスおよびベルギー）と現在のライン川西部のドイツがローマの属州になり、西暦43年以降ブリタニア（グレートブリテン島南部）もこれに続いた。歴史家ププリウス・タキトゥス（55年頃–120年頃）は、イギリスの気候について「雨や霧が多く快適とは言えない。だが厳しい寒さに襲われることはない」と記し、「土壌は肥え、あらゆる穀物栽培に向いている。例外はブドウ、オリーブ、より温暖な気候を好む植物だ」と述べている。ヨーロッパグリ〈Castanea sativa〉、セイヨウグルミ〈Juglans regia〉、イチジク〈Ficus carica〉、リーキ〈Allium ampeloprasum var. porrum〉、ケシ〈Papaver somniferum〉も、ローマ人がブリタニアに

右上：大英図書館所蔵の手稿。アリストテレスがアレクサンダー大王に植物や自然について学ぶことの重要性を教示している。

013

オウバイ
Jasminum nudiflorum
エドワーズ
『ボタニカル・レジスター
〈*Botanical Register*〉』
（1815–47年）より。

農業の起源

　約10万年前、人類は誕生の地アフリカを離れ、およそ5万年かけてユーラシア大陸ほぼ全域に広まった。この時期の人類は狩猟採集民だったので、偶然みつかる植物や野生動物頼みの暮らしだった。やがて農業が始まり人々が定住すると、各地で主食の栽培が盛んになった。具体的には、肥沃な三日月地帯と呼ばれる西南アジアの大麦と小麦、中国のコメとアワ、ニューギニアの根菜と樹木作物、サハラ砂漠以南のアフリカのモロコシとパールミレット、中米のトウモロコシと豆類、北米東部の種子植物、南米のジャガイモと豆類があげられる。農耕の黎明期には日々の食事に果物や根菜を取り入れつつ、狩猟や漁も行った。西暦1500年以降、ヨーロッパ人による各地の植民地化が進み、農業技術も浸透した。現在、地球上のほぼすべての社会が食糧を農作物に頼っている。

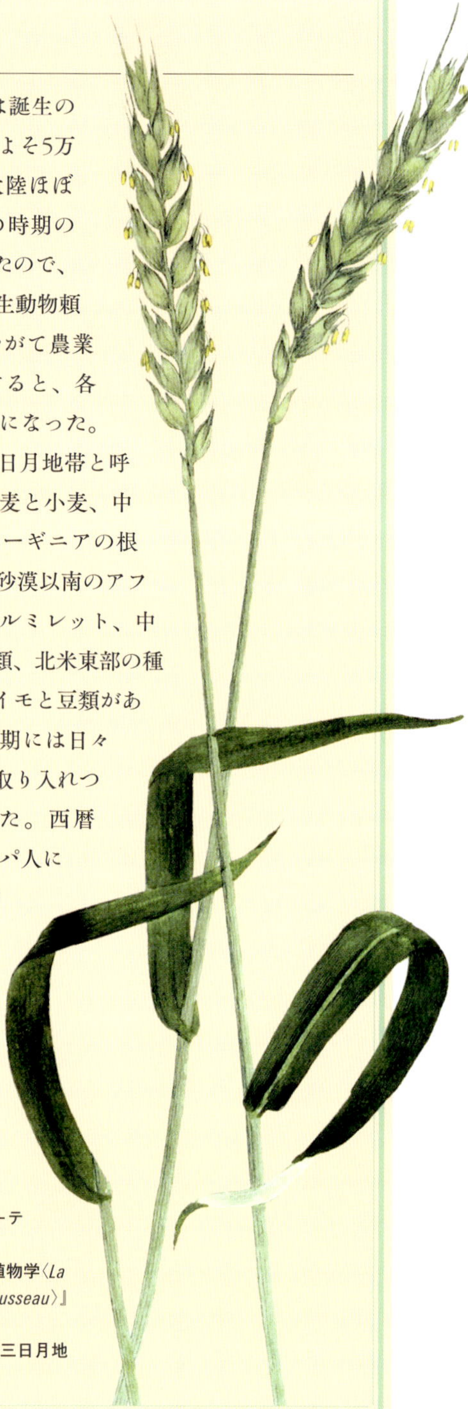

右：トリチカム・ハイベルナム
〈*Triticum hybernum*〉
ピエール＝ジョセフ・ルドゥーテ画。
『ジャン＝ジャック・ルソーの植物学〈*La Botaniquede Jean Jacques Rousseau*〉』（1805年）より。
エンマー小麦と大麦が「肥沃な三日月地帯」の農業の土台になった。

イチジク
Ficus carica

アントニオ・タルギオーニ・トッツェッティ
『花、果物、柑橘類コレクション〈*Raccolta di fiori, frutti ed agrumi*〉』
（1825年）より。イチジクは、ローマ人によって
イギリスにもたらされた。

右：種の周りに生じた繊の繊維。
ワタは病気や害虫に弱い植物だ。

持ち込んだ植物だ。

　8–15世紀にかけて、イスラム勢力が地中海世界を征服したのをきっかけに、インドや極東地域原産の新たな作物が広範囲に伝来する。オレンジ、レモン、ライム、ブンタン、アプリコット、バナナ等の栽培果樹や、コメ、タロイモ、サトウキビ等だ。なかには熱帯地方原産の植物もあったため、スペインやポルトガルといった比較的乾燥した地域で栽培するためには本格的な灌漑システムが必要だった。当時その辺りを支配していたムーア人の灌漑技術の高さは、チューリップ、黄色や白色のジャスミン、スイセン、ライラック、コウシンバラという東洋の観賞植物が咲き乱れる華やかな花園を見れば一目瞭然だった。もっとも手が込んでいるのは、噴水やスイレン池を配したスペインのアルハンブラ宮殿のテラス庭園だろう。ここはグラナダを支配したイスラム王たちの最後の砦だったが、1492年にキリスト教徒との戦いに敗れたムーア人は、スペイン南部からの撤退を余儀なくされた。

世界を駆けめぐるジャガイモ

　原産地から世界中へ広まったジャガイモは、今や150カ国以上で栽培されるおなじみの植物だ。現在一般的に食されるジャガイモ〈*Solanum tuberosum*〉はナス属〈*Solanum*〉で、南米原産である。紀元前2000年頃ペルーとボリビアで初めて栽培され、やがて1567年頃にカナリア諸島へ、1570年頃にヨーロッパ大陸へ持ち込まれた。記録に残るヨーロッパ最初の栽培地は、1573–1576年のスペインのセヴィーリャだ。航海家キャプテン・クックは、初めての世界一周航海途上の1770年、ジャガイモを南太平洋のオーストラレーシア地域へ持ち込んだ。19世紀初頭にチリの野生種よりも冷涼な環境を好む栽培変種がヨーロッパや北米へ伝わると、ジャガイモはまたたく間に広まった。アイルランドでは食糧の多くをジャガイモに依存していたので、1845年と1846年に疫病でジャガイモが全滅すると100万人の人々が亡くなり、150万人が新天地へ移住した。

3

東洋の
スパイスを
求めて

15世紀になる頃には、ヨーロッパ人は異国情緒あふれる東洋の物語や産物にすっかり魅了されていた。世界一周航海が可能な船が誕生するまでは、料理の風味を増すコショウ、クローブ、ナツメグ、メース、ショウガ、シナモンといったスパイスは、短い航路と複雑な陸路を経て運ばれていた。産地である南アジアや東南アジアから、イスラム勢力が支配する広大な土地を通過してキリスト教世界のヨーロッパへもたらされたが、ヴェニス、ブリュージュ、ロンドンの市場に到着する頃には価格が元の1000パーセントに高騰していた。莫大な経費をかけてはるか熱帯の原産地から運ばれること、宗教との関わり、さらに口臭消しから小さなペニスを「巨大化」することまでさまざまな薬効があるとの噂も相まって、スパイス人気は高まった。

13世紀末近く、イタリアの旅行家マルコ・ポーロは、中国のフビライ・ハンに17年間仕えた。ヴェニスへの帰路インドネシアにも立ち寄り、ジャワ島には「ナツメグとクローブをはじめとするスパイス」があると報告した。また、15世紀前半に東洋を旅したニッコロ・デ・コンティの行程も、ポッジョ・ブラッチョリーニによって残されている。「(ジャワを過ぎて)15日間の航海で、さらにふたつの島がみつかった。ひとつはサンダイで、ナツメグとメースが生えている。もうひとつのバンダムはクローブが育つ唯一の島だ。そのためクローブはここからジャワの

島々へ輸送される」。このふたつの島は、ボルネオ島の東側に位置する香料諸島ことモルッカ諸島の島だったらしい。ショウガ、コショウ、シナモン等、より人気の高いスパイスは、インドやスリランカで育っていた。

1453年、ビザンティン帝国(東ローマ帝国)は、首都コンスタンティノープルがトルコ(オスマン帝国)の手に落ち終焉を迎える。これにより、南ヨーロッパの商業中心地へ続く東西の陸路の交易ルートが遮断された。以前はイタリア人が東洋の産物を買い付け、それをポルトガルの港経由でヨーロッパ北部へ船便で送っていたが、この流れの変化で、ポルトガルは以前の安定した収入を失うことになる。そこで自ら世界貿易に乗り出した。抜きんでた海洋技術を武器に、スパイスを渇望する国の船乗りは徐々にアフリカ西海岸を南下しつつ、東へ向かう航路を探った。同じ頃、ジェノヴァの航海家クリストファー・コロンブスは、同じ問題に異なる角度から挑んでいた。地球球体説が広く受け入れられていることを踏まえ、大西洋を西へ進み続ければ、スパイスが生る島々へ別のルートで到達できると推測したのだ。

コロンブスはポルトガル最大のライバルであるスペインの援助を得て、1492年8月に出港した。10月にカリブ海に到達するが、コロンブスは中国を発見したと考える。その誤解から、実際はひとつもないスパイスを見たとまで思い込んだ。小さな木立は「どれも重たげに実をたわわにつけていた。提督(コロンブス)はそれがナツメグやスパイスだと信じたが、実はどれも未熟で、結局何なのかわからなかった」らしい。コロンブスの5年後、ヴァスコ・ダ・ガマが喜望峰をめぐって東へ向かい、インドのスパイス貿易の中心地カリカット(現コーリコード)に到達する。これでようやくポルトガルは待ち望んだスパイスを船に積み込むことができた。しかし、その後もポルトガルはスパイスが採れる植物を独自に探し続ける。1511年、マレーシア南部に当たるマラッカ王国を植民地化すると、ポルトガルは3隻の船をモルッカ諸島の探索に送り込んだ。やがて、遠征隊はバンダ諸島を発見

017

スパイスいろいろ

コショウ〈*Piper nigrum*〉：多年生の蔓性植物。インド、マラバル海岸原産。花穂に黒、白、緑の実を結ぶ。色は収穫時期や製法により異なる。

ナツメグとメース〈*Myristica fragrans*〉：インドネシアのバンダ諸島原産。同じ木から2種類のスパイスが採れる。アプリコットのような実の内側の、光沢のある茶色の部分がナツメグ、それを包む赤い網状の部分がメースである。非常に珍重されたため、偽物のナツメグを売りつけようとする詐欺師も多かった。

サンダルウッド〈*Santalum album*〉：原産地は、ジャワ島東部とティモール島にかけて。この香木からは、エッセンシャル・オイルが採れる。寄生植物なので、周囲の木々の根に寄生し栄養を吸いあげることができなければ生育しない。

シナモン〈*Cinnamomum verum*〉：小振りのゲッケイジュのような常緑樹。インド南西部とスリランカ原産。スパイスは内樹皮から採取する。樹皮はいったんはがされると乾燥してくるんと丸まる。

クローブ〈*Syzygium aromaticum*〉：モルッカ諸島のテルナテ島とティドレ島にしか自生しない。この常緑樹は12.2メートルにまで生長し、つやのある香り高い葉が茂る。実は房状に生り、熟れすぎる前の収穫が必要だ。

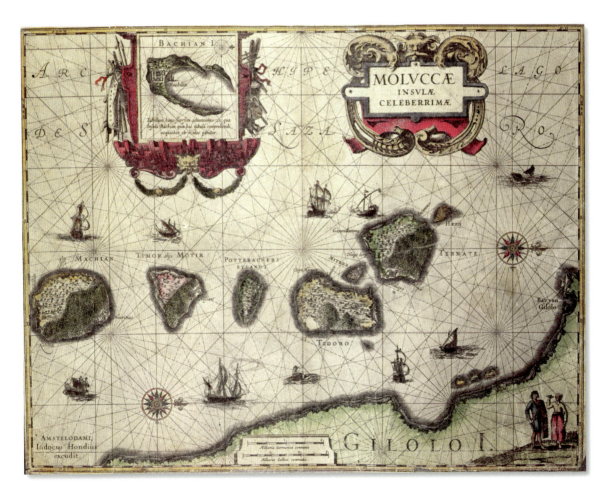

上：16世紀末の香料諸島
（現モルッカ諸島）の地図。
ヨドクス・ホンディウス作。

し、2隻の船いっぱいのナツメグとメースを手に入れた。3隻目に乗船していた探検家フランシスコ・セランはクローブの木を探し、ついにモルッカ諸島北部のテルナテ島でみつけた。

コロンブスの新大陸発見後、1494年のトルデシリャス条約によって、ヨーロッパ以外で新たに発見された領土はスペインとポルトガルのあいだで分割される取り決めとなる。スペインは、カーボヴェルデ諸島の西370リーグ(約1770キロ)にある子午線の西側すべての土地の所有権を、ポルトガルはその東側の土地の所有権を与えられた。問題は、当時は地球の外周距離を誰も知らなかったことと、地球を東西に分けるのに必要な180度経線が1529年の追加条約まで決定されなかったことだ。そのため香料諸島がスペイン側なのかポルトガル側なのか、特定できなかった。そこでスペインはポルトガルの航海家フェルディナンド・マゼランに白羽の矢を立て、南米最南端のホーン岬を通過し逆方向から香料諸島へ到達する航海を援助した。

1519年9月、マゼラン率いる5隻の船団が、270人の乗員とともにスペインを出発した。南米海岸を南下し、大陸の向こう側へ出られる海路を探し求め、マゼランはついに荒れ狂う南の海峡を通過した。現在その海峡は、彼の名にちなんでマゼラン海峡と呼ばれている。その後は比較的穏やかな海に出たため、彼らはそこを「太平洋(穏やかという意味のPacific)」と名付けた。その時点で残った船は3隻のみだったが、マゼランたち乗員は、モルッカ諸島は目の前だと考えた。まさか広大な大海原が待ち受けていようとは予想もしなかったのだ。実際、船団はそこからさらに4カ月間航海を続け、ようやく太平洋西部に到達する。マゼラン自身はフィリピンでの強硬な布教活動の末に無謀な戦いで死亡したが、残された乗員はモルッカ諸島を探し続けた。ついに発見したときは、驚いたことにポルトガル人がすでに上陸していた。それでもスペイン人船員は、船倉にクローブを積み込んで喜び勇んで故国へ戻った。その後もどちらの国にモルッカ諸島のスパイスの所有権がある

植物採集の褒美

マゼランの死後、乗組員を率いて無事にスペインへ帰還させた船乗りは、フアン・セバスティアン・デ・エルカーノだった。その褒美として、彼には紋章が与えられた。2本のシナモン・スティックと12個のクローブ、3個のナツメグの上に地球が載り、それを香木の枝を握るふたりのマレーの王がはさみこむデザインだ。「Primus circumdedisti me」の文字は、「我を一周せし最初の者」を意味する。航海で持ち帰られたクローブは遠征の費用に充てられ、利益はほとんど残らなかった。

クローブ
Syzygium aromaticum
ロバート・ベントリーおよび
ヘンリー・トリメン
『薬用植物〈*Medicinal Plants*〉』
(1875–80年)より。

のか、激しい論争が続いたが、最終的にスペインが降伏した。さしあたり、少なくとも当分のあいだは、ポルトガルがスパイス争奪戦を制したのである。

4

薬草園の
誕生

植物は古くから薬として使われてきた。インドの書物『スシュルタ大医典〈*Sushruta-Samhita*〉』には、薬として利用された700種類の植物が紀元前500年まで遡って記載されている。中国にも同時代の最古の薬草植物誌が残っている。紀元前5世紀、ギリシアの医学者ヒポクラテスは、地中海地域の薬になる植物に加え、インドのシナモンをはじめとする外来種も記録に残した。一方、植物学者ディオスコリデスは西暦50年頃に著書『薬物誌〈*De materia medica libri quinque*〉』全5巻に650種類の植物を掲載した。これが後世の薬品の品質規格書(薬局方)の土台となった。

15世紀になると、植物学者は初歩的な植物分類法にかなり近づき、その効能について理解を深めていた。そのため植物を薬剤として処方する際は、太古の記録ではなく時代に即した情報を頼るようになっていった。薬物の取り引きは規制されていなかったので、食料品店経営者、瀉血治療を施す医師、薬剤師等々、誰もが病気治療のために植物に手を出した。「薬草製剤」と偽物を見分けることは(ちなみのこの薬草製剤を意味する simples という単語は、単一成分から作られた植物性の薬品を指す)、専門知識のない素人には難しかった。そこにつけこみ、薬効のある植物の代わりに安価で効果のない原料を使用する悪辣な商人も多かったようだ。

イタリアのパドヴァ大学初の薬草学講師、フランチェスコ・ボナフェーデは、薬草の調査や研究の拠点となるスペツィエリア(薬局あるいはスパイス店の意味)の設立を訴えた。その希望がかなったのは1545年、パドヴァ大学が附属植物園を開園したときだ。科学分野の研究と教育に特化した植物園としては世界最古で、いまだに開園当時の場所にあることから、パドヴァの植物園は現在ユネスコの世界遺産に登録されている。その前年、ピサ大学も同じような植物園を開設し、球根や棘といった形態学に基づく特性や芳香を元に植物を分類していた。その後数十年のあいだに、フィレンツェ、ボローニャ、ライデン、パリ、オックスフォードにも薬草園が誕生した。

16世紀半ばには内科医が薬剤師を抑えて実権を握り、イギリスの薬局は内科医協会の免許保有者の処方する薬しか調剤できなくなっていた。しかし1673年、ロンドンで薬剤師名誉協会がチェルシー薬草園を創設し、薬の調剤と処方の権利をめぐって医師と対立、1704年についにその権利を勝ち取った。高名な植物学者ニコラス・カルペパーをはじめ、薬剤師見習いたちは8年間の修行の末ようやく資格を取得した。彼らは薬草園を利用して生薬の理解を深め、正しく調剤するために役立てた。テムズ川沿いに植物採集にも出かけ、新たな植物も手に入れた。

やがて、遠方からもたらされる外来種が増えてくると、薬草園がその管理を担う場となる。1571年と1579年に作成されたパドヴァの庭園構想によると、バルカン半島やレヴァント地方、アメリカ原産の植物が、イタリア半島原産の植物とともに円形庭園で栽培されていたらしい。持ち込まれた外来種のなかには、ルバーブ〈*Rheum rhaponticum*〉、シクラメン・クレチクム〈*Cyclamen creticum*〉、カンパニュラ・サクサティリス〈*Campanula saxatilis*〉も含まれている。一方、1680年に商人にして薬剤師のジョン・ワッツがチェルシー薬草園の園長に任命された際は、「地元の植物に加え、外国の植物も植えてはどうか」と提案した。

ほどなくして、植物園の関心は薬草の栽培から異国の植物の展示へと変化する。地誌学者トマス・バスカヴィルは、17世紀末の著

上：パドヴァが誇る、開園当時の場所に現存する世界最古の植物園。

書『オックスフォード選集〈Account of Oxford Collectanea〉』で、オックスフォード大学植物園は「内科医、薬剤師、直接医業にかかわる者のみならず、病人の介護にたずさわる者や、完璧な健康を享受し日々を楽しんでいる者にも間違いなく役に立つ」と述べた。また、薬草園の流行のきっかけとなったパドヴァは、ヨーロッパ周遊旅行の旅人を魅了し始めた。1786年には、ドイツの詩人ヨハン・ヴォルフガング・フォン・ゲーテも訪れ、「見たこともない植物のあいだを散策することは、非常に楽しく、ためになる体験だ」と回想している。

1880年代に作られ、現在はロンドンのキュー王立植物園が経済植物コレクションとして管理するエッセンシャル・オイルは、今日販売されている植物由来の精油の真正を証明するのにひと役買っている。たとえば、サンダルウッド(ビャクダン)の純粋オイルのサンプルは、インドで売買されるオイルの由来を確認するために使われてきた。サンダルウッドは、皮膚の消炎作用と抗菌効果で人気があるが、過剰伐採により徐々に稀少な樹木になりつつある。その結果、国際基準を満たさない製品を売ったり、自然のサンダルウッド由来と偽って合成製品を取り引きしたりする商人も存在するのだ。キュー王立植物園が所蔵する700本以上のオイル入りガラス瓶は、1983年にイギリス王立薬剤師協会から寄贈された1万種以上の植物由来のマテリア・メディカ(医療に使われる原料)の一部である。

022 | 4……薬草園の誕生

下：カンパニュラ・サクサティリス〈*Campanula saxatilis*〉
イポリト・フランソワ・ジョベールおよびエドゥアール・ス
パック『東洋の植物図〈*Illustrationes plantarum orientalum*〉』
（1842–57年）より。

エジプト初期の薬剤師

　大半の科学者は、科学的医療を始めたのは紀元前5世紀のギリシアの医師、ヒポクラテスだと考えている。ヒポクラテスは、診断に基づく理にかなった治療法を取り入れて、論理的な医療を導入した。しかし、2007年、紀元前1850年に遡る4枚のエジプトのパピルスに書かれた1000の処方箋が解読され、新たな事実が判明する。そこに並ぶ植物、動物、鉱物を現代医学の指導書と参照した結果、当時薬として使われた284の原料の62パーセントが、1970年代にも使われていることがわかったのだ。治療法の例をあげると、体内の寄生虫駆除にザクロやアブサンを、腹部の膨満感にコリアンダーやクミンを、腫れやむくみにセロリシードを使っていた。

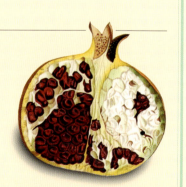

上：古代エジプトでは、寄生虫をザクロで駆除した。

上：チェルシー薬草園の平
面図。1751年、ジョン・ヘイ
ンズ画。

サンダルウッド
Santalum album
ヨセフ・ヤコブ・フォン・プレンク
『薬草図〈*Icones plantarum medicinalium*〉』
(1788–1812年)より。

ニコラス・カルペパー(1616–1654年)

　ニコラス・カルペパーは代替医療の先駆者とみなされている。ロンドンに生まれ、ケンブリッジ大学で学んだのち、見習い薬剤師としてロンドンに戻った。薬剤師協会の「フリーマン」の資格は取らず、同業者のサミュエル・レッドベターとともに協会員にならずに自らビジネスを確立することを選んだ。当時、薬の調剤はすべて内科医協会が定める処方箋に従わなければならなかった。しかしカルペパーとレッドベターはこの方法に疑問を抱き、より簡単な薬を独自に処方した。それが協会の指針に従うほかの薬剤師や医師の不評を買う。1649年、ラテン語のロンドン薬局方を英語に訳した『医療指針集〈*A Physical Directory*〉』を出版し、さらに敵を増やした。1653年には『英語による医学書〈*English Physician*〉』および『ハーブ事典』(戸坂藤子訳、2015年、パンローリング)を発表する。どちらの著書も売れ行きはよく、後者は英語圏の薬草学の土台となった。かつてカルペパー一族のひとりが所有していたウェイクハースト・プレイスの広大な庭園は、現在キュー王立植物園が管理する。

CULPEPER's
ENGLISH PHYSICIAN;
AND COMPLETE
HERBAL.
TO WHICH ARE NOW FIRST ADDED,
Upwards of One Hundred additional HERBS
WITH A DISPLAY OF THEIR
MEDICINAL AND OCCULT PROPERTIES
PHYSICALLY APPLIED TO
The CURE of all DISORDERS incident to MANKIND.
TO WHICH ARE ANNEXED,
RULES for Compounding MEDICINE according to the True SYSTEM of NATURE
FORMING A COMPLETE
FAMILY DISPENSATORY,
And Natural SYSTEM of PHYSIC.
BEAUTIFIED AND ENRICHED WITH
ENGRAVINGS of upwards of Four Hundred and Fifty different PLANTS
And a SET of ANATOMICAL FIGURES.
ILLUSTRATED with NOTES and OBSERVATIONS,
CRITICAL and EXPLANATORY.

By E. SIBLY, Fellow of the Harmonic Philosophical Society at PARIS; and
Author of the Complete ILLUSTRATION of ASTROLOGY.

HAPPY THE MAN, WHO, STUDYING NATURE'S LAWS,
THROUGH KNOWN EFFECTS CAN TRACE THE SECRET CAUSE.   DRYDEN.

上・右ページ：ニコラス・カルペパー著『英語による医学書〈English Physician〉』および『ハーブ
事典』より。1653年に出版された『ハーブ事典』は、植物の特性と占星術の知識を組み合わせ
て植物の効能を解説している。

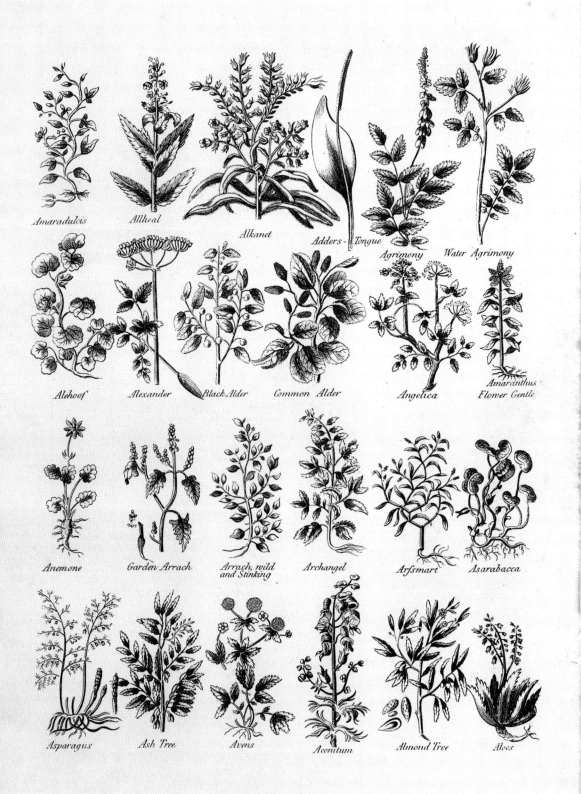

チューリッパ・ゲスネリアナ・ドラコンティア
Tulipa gesneriana dracontia
チューリッパ・ゲスネリアナ・ヴァリエガタ
T. g. variegata
アントニオ・タルギオーニ・トッツェッティ
『花、果物、柑橘類コレクション〈*Raccolta di fiori, frutti ed agrumi*〉』
（1825年）より。

カロルス・クルシウスと
チューリップ・バブル

　フランスの医師にして植物学者のカロルス・クルシウスが誕生した1526年当時、ヨーロッパの庭園は8世紀以来ほとんど変化していなかった。クルシウスの故郷の町アラスで育つ植物のほとんどは、ヨーロッパ北部原産だったはずだ。南部原産の植物も多少はみかけたかもしれないが、アジアの植物はかなり珍しかったに違いない。フランスの庭を彩る花は、タチアオイ、ニオイアラセイトウ、ストック、カーネーション、スミレ、キバナノクリンザクラ、マリーゴールドが一般的だった。だがヒマワリや、球根のような根茎を持つアヤメやダリアは咲いておらず、もちろんチューリップもなかっただろう。

　クルシウスはベルギー、ドイツ、フランスで学んだのち、スペインとポルトガルへ植物採集の旅に出た。その植物調査の結果はイベリア半島植物誌としてまとめられている。この植物の専門知識のおかげで、1573年、神聖ローマ帝国皇帝マクシミリアン2世からウィーンに帝国植物園を造るようにと声がかかり、クルシウスは承諾した。かつて植物採集や植物研究は、新米薬剤師のような社会的地位の低い者だけの活動と考えられていたが、急速にエリート階級お気に入りの娯楽へと変化し、この時期に新たな庭園が数多く誕生した。

　オスマン帝国を旅したヨーロッパ人は、初めて目にする色鮮やかな植物を故国へ持ち帰った。薬草学者オージェ・ギスラン・ド・

ブスベックは、神聖ローマ帝国の大使としてオスマン帝国皇帝スレイマン大帝に仕えていたときにチューリップに初めて出会った。マクシミリアン2世の父、フェルディナント1世に大使に任命されたブスベックは、チューリップの種と球根をウィーンの皇帝植物園に提供した。そこでクルシウスがリューリップ栽培を始め、やがてチューリップ研究の権威になる。1601年にはその成果をまとめ、チューリップに関する初めての専門書『稀少植物誌〈Rariorum Plantarum Historiaka〉』を出版した。そのなかでクルシウスはチューリップを開花時期によって早生、中生、晩生に分類し、色や形、そのほかの特徴についても解説した。「赤色の多くは深みがあり黒みがかっているが、もっと薄く優雅な色もある」との記述がある。

　チューリップは昔から、野生種が育つ地域の人々をとりこにしてきた。トルコ、ペルシア、クリミア半島、コーカサス地方、レヴァント地方、チトラル地方、アフガニスタン、シベリアのステップ（草原）がその例だ。12世紀、セルジューク朝トルコ時代のアナトリアでは、チューリップを描いた化粧タイルや装飾品が建造物を彩った。13世紀、ペルシアの詩人サーディーは、「冷たい小川のせせらぎ、鳥のさえずり、たわわに実る熟れた果物、色鮮やかなチューリップとかぐわしいバラ」に囲まれた理想の庭を夢想した。

　チューリップの魅力の秘密は色や形の多彩さで、一見なんの法則性もなく地味な花から多色の花まで咲く点だった。クルシウスは自分が栽培したチューリップの観察でこの特徴に気がついた。こうした色の変化を見せるチューリップは「ブロークン」と呼ばれ、現在はアブラムシが媒介するウィルスが原因だとわかっている。だが当時は自然の驚異とみなされた。その結果、ブロークン・チューリップの人気が非常に高まったのである。

　のちにクルシウスはフランクフルトで職をみつけ、その後オランダのライデンに移り、ライデン大学の植物園を新たに設計した。

　その際、西ヨーロッパ屈指のチューリップ・コレクションもいっしょに運び、知人に

029

球根を送ってチューリップ栽培を広めた。1597年、ベルゲン・ホイヤーは「昨年ライデンに赴いたときの格段のご厚意にお礼を申し上げる。貴方の献身と功績に、そして何よりもすばらしい球根に感謝したい」と記している。人々はすぐに、チューリップ栽培で利益が得られることに目を付けた。クルシウスの庭園からはもっとも価値のあるチューリップがたびたび盗まれたほどだ。こうして人気を得たチューリップはオランダ各地に広まった。

17世紀初頭、オランダでは起業家がチューリップ種苗会社を次々と設立し始める。当初は広大な土地の所有者に球根を大量に売っていたが、1620年代には単色種が約0.5キロ（1ポンド）につき12フロリンになっていた（平均年収が150フロリンの時代である）。間もなく、チューリップ収集が流行になり、1624年には「センペル・アウグストゥス」の球根1個に1200フロリンの高値がついた。それから1年で球根の価格は2倍以上になったため、市場にはこの「チューリップ・バブル」に乗じてひと儲けしようと目論む投機家が押し寄せた。

「センペル・アウグストゥス」の球根1個に「売り手側」がつけた最高値は、ネーデルラント・マガジン誌によると、1万3000フロリン。当時のアムステルダム中心街の運河を見晴らす高級住宅を買ってもまだお釣りがくる値段だ。1637年までに、チューリップ・バブルは限界点に達していた。売り手が買い手より多くなり、ついに市場は崩壊した。その後チューリップはまったく価値がなくなり、見向きもされない時代を迎える。クルシウスがオランダで初めてチューリップを植えた場所でもあるライデン大学の植物学教授は、チューリップをたいそう毛嫌いするようになり、杖でなぎ払ったとも言われている。チューリップ・バブルの頃、クルシウスはすでに他界していた。しかし彼のチューリップへの情熱が、ヨーロッパ北部の庭の眺めを永遠に変えたのだ。彼が球根産業のために植えた種は、現代のオランダでも生き残っている。現在オランダでは、チューリップが毎年2万ヘクタール以上の土地に植えられ、2007年のチューリップ属〈*Tulipa*〉の競売における取扱総額は2億ユーロを超えている。

左：オージェ・ギスラン・ド・ブスベックは、チューリップの種や球根をカロルス・クルシウスが造ったウィーンの植物園へ提供した。

チューリップ・バブルの遺産

現在チューリップは120種ほどあるとされ、大部分は中央アジア原産だ。ユリ科〈*Liliaceae*〉、チューリップ属〈*Tulipa*〉に分類される。園芸種では2300もの品種が存在する。1996年以降、チューリップは15種類に分けられた。一重早咲き、八重早咲き、トライアンフ、ダーウィン・ハイブリッド、一重遅咲き、ユリ咲き、フリンジ咲き、ヴィリディフローラ、レンブラント、パーロット、八重遅咲き、カウフマニアナ、フォステリアナ、グレイギー、そして野生種である。これらの名称は、1996年にオランダの王立球根生産者協会が「チューリップ品種の分類と国際登録リスト」として公表した。

上：チューリップ人気が高まると、貴重な花を飾るために専用の花瓶もデザインされた。

カロルス・クルシウス（1526–1609年）

カロルス・クルシウスの業績についてこれほど多くわかっているのは、残された大量の手紙も理由のひとつだ。クルシウスは生涯にわたり、ヨーロッパ各地の300人あまりの人々と手紙を交わした。手紙を受け取ったのは、次のような人々だ。高級品コレクターで裕福なパトロン（南ネーデルラントのシャルル・ド・サン・トメール、イングランドのロード・ズーチ、ドイツのプファルツ選帝侯ルートヴィヒ6世）、植物学者や医師（ヨアキム・カメラリウス、フェリックス・プラター、ウリッセ・アルドロヴァンディ）、外交官（オージェ・ギスラン・ド・ブスベック）、そして薬剤師（ジャン・ムートン）等である。こうした文通相手から手に入れた情報と標本のおかげで、クルシウスはほかの16世紀の植物学者の誰よりも詳しく外来種について解説することができた。2004年、ライデン大学図書館とスカリゲル研究所は、クルシウスが受け取った1300通の手紙をデジタル化し、オンラインで一般公開した。

右：シモン・ヴェレルスト（1644–1721年頃）によるチューリップの水彩画。キュー王立植物園所蔵サー・アーサー・チャーチ・コレクション。

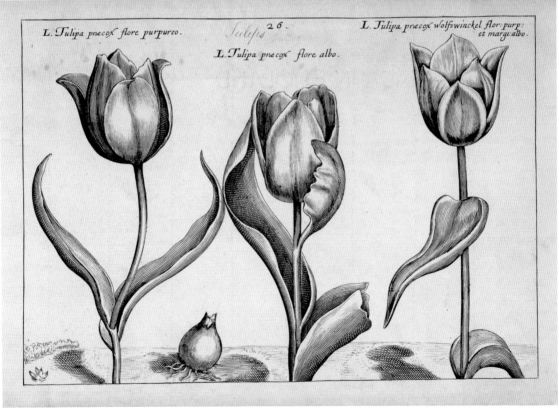

上・右ページ：1614年初版『花の園〈Hortus Floridus〉』より。クリスピン・ファン・ド・パスによるチューリップの銅版画と、稀少価値の高い球根の育て方をまとめた書物。チューリップ普及の功績を讃えて、植物学者レンベルト・ドドエンスとカロルス・クルシウスの肖像がカメオ細工のようにデザインされている。

032 | 5……カロルス・クルシウスとチューリップ・バブル

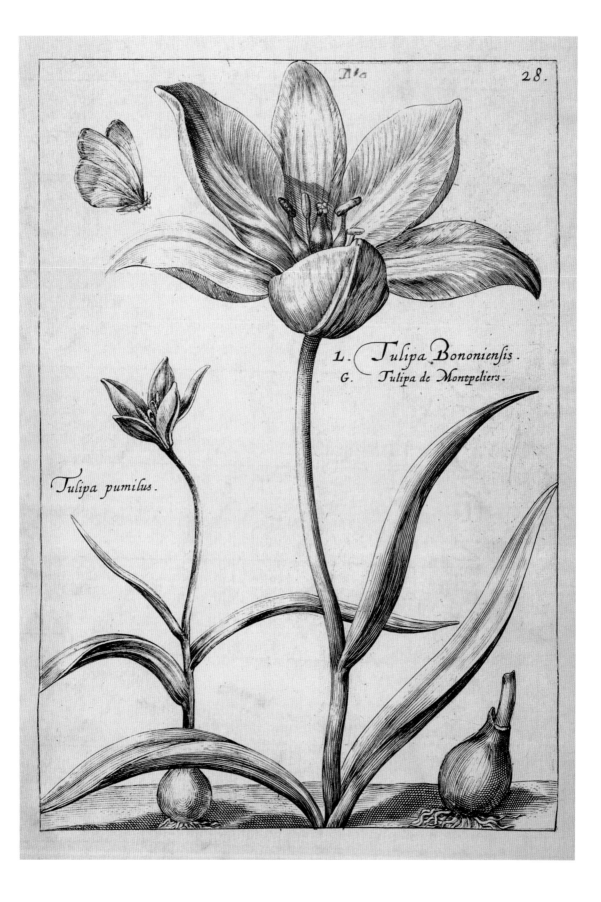

6

植物採集を
職業に変えた
トラデスカント一族

16世紀後半から17世紀初頭にかけて、西欧の裕福な紳士のあいだでは庭造りが気ままな趣味になりつつあった。貿易網が広がり、外国に豊富に存在する多様な植物の情報がもたらされると、広大な土地の所有者たちは誰も見たことのない異国の珍しい植物を我先にと集め始めた。初代ソールズベリー伯爵、ロバート・セシルもそのひとりだ。1610年、セシルはイングランドのハートフォードシャーの邸宅ハットフィールド・ハウスに庭を造り始めるが、その際にジョン・トラデスカントを庭師として雇う。そして彼をオランダ、ベルギー、フランスへ送り込んでチューリップの球根やバラ、サクランボ、セイヨウナシ、クワ、オレンジの木を手に入れた。こうしてセシルは、植物採集を気楽な暇つぶしから実入りのいいプロの仕事へと高めることに手を貸したのである。

トラデスカントは、セシルとその後の雇い主のために植物採集の旅を数回繰り返す。ロシアからは「一重でシナモン・ローズにそっくりな」バラを持ち帰った。アルジェに拠点を置く厄介なバルバリア海賊を攻撃する遠征に同行したときは「先端が星に似た形のツメクサ」を、バッキンガム公の技術者としてフランスに渡ったときは「葉の大きなミブヨモギ」を採集した。植物のみならず、貝殻や化石、動物、珍しい装身具や雑貨も持ち帰った。このように旅行家、庭師、珍品コレクターとして成功したおかげで、1632年には

チャールズ1世と妃のヘンリエッタ・マリア女王のお抱えとなり、オートランズ宮殿の庭園とワイン、カイコの管理人に任命される。オートランズ宮殿はヘンリー8世によって建築され、当時ウォルトンとウェイブリッジにはさまれたテムズ川のほとりにあった。

トラデスカントはロンドンのランベスの邸宅を手に入れ、増え続ける海外遠征の記念品を飾った。この「トラデスカントの方舟」には、動植物や魚の標本、化石が展示され、ワニの卵にライオンの頭部、バナナの標本、中国の木製サンダル、トルコの歯ブラシに加え「ミスター・トラデスカント選り抜きの美しい花と植物を描いた羊皮紙の本」も並んでいた。イングランドで初めて一般公開された博物館でもあり、「一生涯を旅に費やさなくても、貴重な珍しい品々を1日で見ることができる」場所だった。屋外の庭にはクレマチス、ヒヤシンス、セイヨウキョウチクトウをはじめとする海外の美しい植物が咲き誇っていた。

1638年にジョン・トラデスカントがこの世を去ると、息子のジョン・トラデスカント・ヤンガーがランベス邸とオートランズ宮殿の地位を継承した。父の死が公表されたとき、息子は父の植物採集の志を継ぎ、計3回にのぼるヴァージニア植民地遠征の1回目の旅にすでに出発していた。「珍しい花や草木、貝殻の収集」が目的だ。ヴァージニアは1607年に設立された新世界で最初のイギリス領植民地で、そこから持ち帰られた植物が次々とイギリスで芽吹き始める。トラデスカント・ヤンガーはユリノキやユッカを手に入れ、ヴァージニアの先住民ポウハタン族の貝殻が施された動物革のマント等、アメリカの工芸品を方舟の展示品に追加した。トラデスカント・ヤンガーが亡くなると、知人のエリアス・アシュモールがコレクションを相続し、1683年にオックスフォード大学に寄贈した。ポウハタン族のマントを含む数点は、現在も同大学のアシュモレアン博物館に収蔵されている。

ジョン・トラデスカント親子は、セント・メアリ・アト・ランベス教会にある一族の墓

035

ユリノキ

　北米のユリノキ〈*Liriodendron tulipifera*〉は、大西洋を渡ってイギリスにもたらされた初めての樹木のひとつだ。記録によると、息子のジョン・トラデスカント・ヤンガーが持ち帰った、もしくは送ったユリノキが、1688年にコンプトン主教館のフラム・ガーデンで栽培されていたらしい。18–19世紀には、イギリス国内の広大な庭園や公園に続々と根付き、つややかな暗緑色の葉や、白と緑、オレンジ色のカップ形の花が人々に愛された。ユリノキの原生地はカナダ東部からアメリカに及び、60メートルの高さに生長する。栽培下の木はそれほどの高さには達しないが、イギリスの種のなかには30メートルを上回るものもある。ユリノキはモクレン科で、中国のシナユリノキ〈*Liriodendron chinense*〉も同じ仲間である。

地に埋葬された。教会の建物は現在もロンドンのテムズ川河畔、国会議事堂向かいに建っている。しかし、1972年に俗化された際にジョンとローズマリー・ニコルソン夫婦がトラデスカント一族の墓を再発見し、この植物学者親子を記念して庭園史博物館を開設していなければ、取り壊されていたかもしれない。現在、墓所では、1656年当時トラデスカント邸に植えられていた植物が生い茂っている。四角い箱のような墓の四隅には木の浮き彫りが施され、側面のワニや貝殻、円柱、ピラミッドの装飾彫りも賑やかだ。

　墓碑銘にはこう刻まれている。

左：ジョン・トラデスカント（父）。ヨーロッパやロシアの植物や珍品を収集した。

右：ジョン・トラデスカント・ヤンガー（息子）。モクレン、フロックス、アスター等のアメリカの植物を数多く持ち帰った。

旅人よ、ここを過ぎる前に気づくがよい。
この石の下にジョン・トラデスカントの祖父、父、息子が眠ることを。
息子は人生の春に亡くなり、
残るふたりは地球をぐるりと旅し、
自然を調べつくして亡くなった。
彼らのコレクションは、
非常に珍しく、陸のもの、海のもの、空のものがそろう。
一方彼らは（ホメロスのイリアスをひと粒のナッツに詰めるように）、
驚異の世界をひとつの小部屋にしまい込んだ。
この有名な古物収集家は
バラとユリの女王の庭師でもあった。
今自らの身を横たえて、ここに眠るが、
天使が目覚めよとラッパを吹き、
炎が世界を覆うとき、
彼ら3人は起きあがり、
この庭を楽園へと変えるだろう。

ベジタブル・ラムの伝説

　庭園史博物館の所蔵品のひとつに、小型のヒツジに似た物体がある。伝説の植物「ベジタブル・ラム」だ。ヒツジを意味するタタール地方の言葉を借りて「バロメッツ」とも呼ばれる。この小羊が実る植物の神話が初めて登場したのは5世紀で、その後17世紀まで語り継がれた。人々は、地面から伸びたしなやかな植物の茎の先にヒツジが生ると信じたのだ。1605年、ムーランのクロード・デュレは著書『驚嘆すべき植物誌〈*Histoire Admirable des Plantes*〉』で「スキタイあるいはタタールのバロメッツ」に1章を費やした。1629年、イングランド王お抱えの植物学者ジョン・パーキンソンは著書『日の当たる楽園、地上の楽園〈*Paradisi in Sole Paradisus Terrestris*〉』にバロメッツの絵を掲載した。そして1656年、トラデスカント親子はバロメッツの皮膚の「ごく一部」を手に入れたと宣言する。しかし実は「小羊」はタカワラビ〈*Cibotium barometz*〉の産毛の生えた根塊で、ヒツジに似せて形を整えただけだった。

オオタカネバラ
Rosa acicularis
ジョン・リンドリー
『バラの歴史〈*Rosarum monographia*〉』
(1820年)より。
トラデスカント父が
ロシアで採集した花。

038ページ:「トラデスカントの方舟」こと「ロンドン近郊南ランベスに所蔵される珍品コレクション」の所蔵品カタログ。リストにはジョン・トラデスカント親子が収集し、邸宅に展示した植物や珍しい品々が並んでいる。オックスフォードのアシュモレアン博物館に現存するものもある。

037

To *John Tradescant* the youn-
ger, surviving.

Anagr:

JOHN TRADESCANT.
Cannot hide Arts.

HEire of thy Fathers goods, and his good parts,
Which both preserveſt, & augment'ſt his ſtore,
Tracing th' ingenuous ſteps he trod before :
Proceed as thou begin'ſt, and win thoſe hearts,
With gentle curt'ſie, which admir'd his Arts.
Whilſt thou conceal'ſt thine own, & do'ſt deplore
Thy want, compar'd with his, thou ſhew'ſt them
Modeſty clouds not worth; but hate diverts, (more.
And ſhames baſe envy, ARTS he CANNOT
(HIDE
That has them. Light through every chink is
ſpy'd.

Nugas has ego, peſſimus Poëta,
Plantarum tamen, optimíque amici
Nuſquam peſſimus aſtimator, egi.

GUALTERUS STONEHOUSUS
Theologus ſervus natus.

XV.
CATALOGUS
Plantarum in Horto
johannis Tredeſcanti,
naſcentium.

A Belmoſch Ægyptiorum ſ: alcea.
The yellow Marſh Mallow.

Abies { Mas. } *The* { Male } *Firre tree.*
{ Fœmi- } { Female }
{ na. }

Abrotanum { Mas. *Southern wood.*
{ Fœmina. Chamæ Cypariſ-
{ ſus. *Lavender Cotton.*
{ Unguentare.
{ Silveſtre. *Common Sou-*
{ *thern wood.*
{ Inodorum. *Unſavory Sou-*
{ *thern wood.*
{ Arboreſcens. *Tree Southern*
{ *Wood.*
{ Marinum. *Romane Worm-*
{ *wood.*

Abſin-

{ Romanum tenuifolum. *Roman*
{ *Wormwood with fine leaves.*
{ Marinum, ſc. Serephium. *Sea-*
{ *Wormwood.*
{ Marinū folio Lavendulæ. *Sea-*
Abſin- { *wormewood with Lavender-*
thium— { *leaves.*
{ Vulgare. *Common Wormwood.*
{ Umbellatum Cluſii. *Cluſins his*
{ *white Wormwood.*
{ Tridentinum Lobeli, *his Au-*
{ *ſtrian wormwood.*

Acacia. *The binding Bean-tree.*
Acacia Indica.

{ Sylveſtris. *The wilde Beares*
{ *breech.*
Acanthus { Sativus, *ſcil.* Branca Urſi-
{ na. *The manured Beares*
{ *breech.*
{ Aculeatus. *Prickly Beares*
{ (breech.*

{ Majus Latifolium, ſive Pſeudo-
{ platanus. *The great Maple or*
{ *Cycamore tree.*
Acer { Minus vulgare.*The cōmon Maple*
{ *tree.*
{ Virginianum Tradeſcanti. *Tra-*
{ *deſcant's Virginian Maple.*
{ Virginianum alterum , *his other*
{ *Virginian Maple.*

Acetoſa.

{ Hiſpanica major, *great Spaniſh*
{ *Sorrell.*
{ Franca rotundifol: lobel:
{ *round-leafed Sorrell.*
Acetoſa { Indica, ſeu veſcicaria ; *Indian*
{ *or American Sorrell.*
{ Vulgare, *common Sorrell.*
{ Minima, ſive Oxalis minima ;
{ *Sheeps Sorrell.*

Acinos Anglica, *our Engliſh wild Baſil.*

{ Hyemale , *Winter Wolfes-*
{ *bane.*
{ Salutiferum, ſive Anthora,
{ *wholſome Helmet flowre.*
{ Luteum ponticum majus ,
{ *the greater yellow Wolfes-*
{ *bane.*
{ Luteum ponticum minus ,
{ *the leſſer yellow Wolfes-*
{ *bane.*
Aconitum { Cæruleum, ſc. Napellus,
{ *blew Helmet flowre.*
{ Baccifeũ, ſive Chriſtopho-
{ riana ; *herb Chriſtopher.*
{ Americanum racemoſum
{ fructu albo; *Indian bran-*
{ *ched Wolfes-bane with*
{ *white fruit.*
{ Flore Delphinii , *Wolfes-*
{ *bane with Larkes-heele-*
{ *flowers.* A-

オオムラサキツユクサ
Tradescantia virginiana
ピエール＝ジョゼフ・ルドゥーテ
『ユリ科植物図譜〈*Les liliacee*〉』（1802-16年）より。
トラデスカント父のコレクション・リストに
初めて掲載されたのは、1629年だった。

エキノカクタス・コルニゲルス
Echinocactus cornigerus
『サボテンの分類〈*Revue des Cactees*〉』(1829年)より。

ヨーロッパに
持ち込まれた
異国の植物

18世紀、植物園は初期の薬草園よりも活動範囲を広げ始めた。遠方の探検によってそれまで西欧では知られていなかった植物が持ち込まれることが増え、ヨーロッパの国々は儲けになる新たな植物を発見しようと競い合った。

フランス一の植物園と言えば、パリ植物園だ。1626年に王立庭園として開園した当初は、薬草園だった。フランスの海外領土の拡大に伴い、長期にわたる航海に必要な薬草を提供するために、パリ植物園は海軍と手を組んだ。すると海外の寄港地から植物が持ち込まれるようになり、同園のコレクションは増え続ける。1636年には1800種にふくれあがり、1665年には4000種に達していた。

七年戦争後、フランスが植民地の主要宗主国という地位を失うと、ルイ16世の海軍省はラ・ペルーズ伯ジャン＝フランソワ・ド・ガローに世界各地の科学調査を命じる。その際、王立庭園の庭師長アンドレ・トワンが植物に関する助言を行い、ヨーロッパの植物を気候や環境の異なる土地に根付かせるための、そして新たに発見された植物種をパリの王立庭園に持ち帰るための指導をした。1755年、スペイン王フェルナンド6世は、現在のマドリード王立植物園の前身となるミガス・

下：ホセ・アントニオ・パヴォン・ヒメネスがヨーロッパに持ち帰ったキナノキの種子。左側にヒメネスの署名が見える。

カリエンテス植物園の設立を命じた。植物園が現在のプラド通り（「牧草地の道」の意味）に移転したのは、フェルナンドの後継者カルロス3世の時代の1781年である。ルネサンス時代のイタリアの薬草園のように、マドリード王立植物園も知識の習得を目的に、学者たちが植物学を研究する場として設計された。同時に設立当初から新種発見の遠征を後押しし、遠方からスペインにもたらされる植物の分類を試みた。

1570年代、スペインは医師のフランシスコ・エルナンデスをメキシコや新世界のスペイン領へ送り、現地で植物がどのように使われているか情報を集めていた。この遠征は現在、博物学史上初の政府による派遣調査旅行と見られている。その200年後、スペインは植物の科学的探究にさらに熱心に投資した。王立植物園は初期の時代に、植物学者アントニオ・ホセ・カヴァニレスにイベリア半島の植物採集を命じた。その後、18世紀最後の25年間で、同じく植物学者のホセ・アントニオ・パヴォン・ヒメネスとイポリト・ルイス・ロペスをペルーとチリへ送り込み、司教にして博物学者のホセ・セレスティノ・ブルーノ・ムティス・イ・ボジオのニュー・グレナダ（現コロンビア）の植物研究も支援した。同じく王立植物園がニュースペイン（現メキシコ）へ派遣した王室科学探検隊は、エルナンデスの調査を引き継ぐことが目的だった。マラスピーナ探検隊も世界一周遠征に向かわせた。アントニオ・ホセ・カヴァニレスが園長を務めた19世紀初頭には、150種類以上の新世界の植物が王立植物園で栽培されるまでになっていた。

イギリスのキュー王立植物園も、マドリード王立植物園と同時代に誕生する。当時、ロンドン西部のテムズ川付近には、ふたつの王家の敷地が隣り合っていた。テムズ川に近いリッチモンドには英国王ジョージ2世が、その隣のキュー地区には息子のプリンス・オブ・ウェールズことフレデリック皇太子が暮らしていた。どちらの邸宅も、当時の裕福な地主のあいだで流行していたように樹木を植え、庭園を美しく整えていた。1751年にフ

041

レデリック皇太子が他界すると、妻のオーガスタ王妃が40ヘクタールの庭園を相続し、造園に熟練した貴族、ビュート伯の助けを借りて造成を続けた。その後1759年にオーガスタは薬草園を造ることを決意する。これがキュー王立植物園誕生につながった。目的は、フェルナンド6世と同じく、国外の植物の栽培だ。彼女は情熱的に、庭園には「地球上のあらゆる植物を植えることが望ましい」と語ったそうだ。

　キュー王立植物園で最古とされる木は「オールド・ライオンズ」と呼ばれる。オーガスタ王妃が庭を手がけ始めた後の、1762年頃に植えられたイチョウ〈*Ginkgo biloba*〉、エンジュ〈*Styphnolobium japonicum*〉、スズカケノキ〈*Platanus orientalis*〉、ニセアカシア〈*Robinia pseudoacacia*〉、コーカシアン・エルム〈*Zelkova carpinifolia*〉である。なかには隣接するビュート伯の領地ウィットンから移植された木もあった。

　設立後のキューとマドリードの両植物園は、それぞれ自国が支配する植民地に付属の

上：キュー王立植物園のパゴダ（仏塔）の版画。建築家ウィリアム・チェンバーズの著書『サリーのキューにおける計画、立面図、区画、および透視図〈*Plans, elevations, sections, and perspective views of the gardens and buildings at Kew in Surry [sic]*〉』(1763年）より。

左：キュー王立植物園の創設者、オーガスタ王妃。

右ページ：19世紀のパリ植物園を描いた絵。

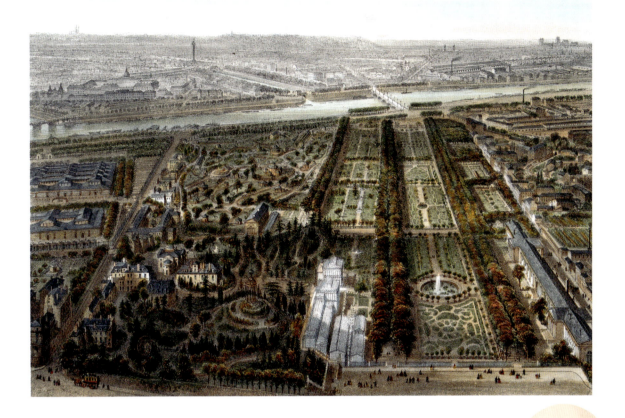

植物園を造り続けた。スペインは分園をメキシコ、ヴァレンシア、テネリフェ島に置き、新世界の植物をマドリードよりも原生地に近い気候で栽培しようとした。やがてキューも、インド、セイロン（現スリランカ）、トリニダード島、セントヴィンセント島、ジャマイカ島に多くの分園を設立した。どちらの植物園にとっても、当時を代表する植物学者同士が植物を交換できることはプラスになった。マドリードはロンドンの植物収集家フォザーギル、フランスやイタリアの植物園、そしてペルー、キューバ、メキシコの植民地から植物を受け取った。一方キューは、アマチュア博物学者ジョン・エリスや植物学者のピーター・コリンソンから種子や植物の提供を受けた。このようにロンドン西部にさまざまな植物が集中して流れ込んだので、ビュート伯はジョージア州知事に対して「現在、キューの異国風庭園はヨーロッパ一豊かだ。人が居住するあらゆる場所から植物や種子を手に入れている」と得意げに語ったと言われている。

アンドレ・トワン（1747–1824年）

アンドレ・トワンは、パリ王立植物園の庭師長ジャン＝アンドレ・トワンの長男として生まれた。1766年に父親の仕事を継いだ。多くの植物学者と同じように、トワンはヨーロッパの施設の著名な植物学者をはじめ、さまざまな人物と交通した。なかには大使、聖職者、アメリカ大統領トマス・ジェファーソンといった外国の統治者も含まれていた。知人と植物や知識を交換し、多くの種子や植物種を受け取ったおかげで、1788年のパリ植物園には6000種、6万本の植物が茂っていた。トワンは「ヨーロッパでもっとも多数のコレクションであることは間違いない」と述べている。1778–1788年にかけて植物園の大改修を監督し、仕事量が格段に増えたが、そのすべてが造園に直接関係していたわけではなかったようだ。たとえば、妻が浮気をしていることを知った夫が怒りに駆られて植物園で騒ぎを起こしたときは、トワンは暴れる夫を象の骨格標本の展示ケースに閉じ込めたという。1793年、トワンは国立自然史博物館の園芸学主任になり、生涯勤め上げた。

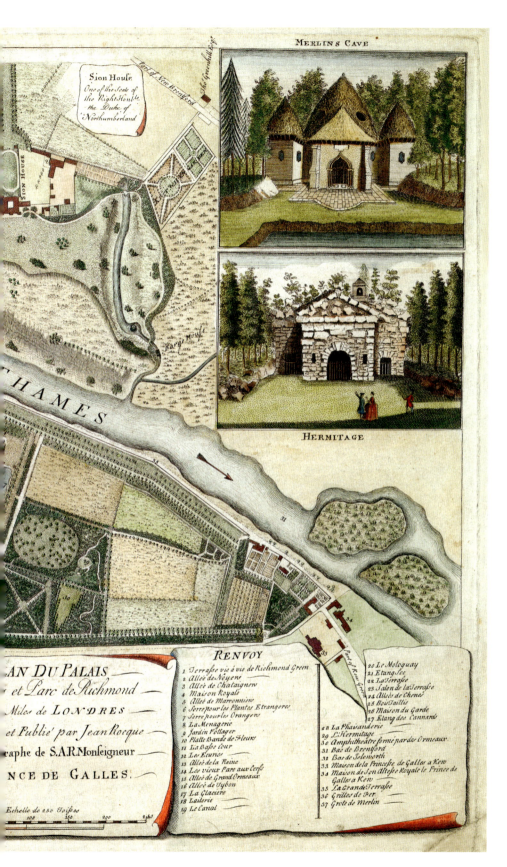

左：キュー王立植物園の最古のものとされる地図。1754年、フランス人ジャン・ロックによって制作された。現存しない特徴的な区画の手がかりもあり、動物園はその一例である。

ロサ・ヴィルギニアナ
Rosa virginiana
フランソワ・プリー
『植物の科と属〈*Types de chaque famille et des principaux genres des plantes*〉』
（1844–64年）より。

カール・フォン・リンネと植物の命名

植物や動物の種の学名は、ラテン語2語で表される。ヒマワリは〈*Helianthus annuus L.*〉、ホワイトオークは〈*Quercus alba L.*〉、ココヤシは〈*Cocos nucifera L.*〉だ。ひとつ目の語はその動植物が分類される属名を、ふたつ目の語は属の下の種を意味する。属と種の次に、命名者の名前が来る。この3つの例の場合、18世紀のスウェーデンの植物学者カール・フォン・リンネ(カロルス・リンナエウス)が命名者なので、略してL.と付加されている。幼少期から植物学に興味を持ったリンネは、動植物の分類に生涯を捧げ、種の命名に現在も使われている二名法を確立した。

リンネは17世紀の科学者の業績を活用し、生物を界、綱、目、属、種の階層に分類する方法を体系化した。その際下敷きにしたのが、植物の生殖器とも言える雄しべと雌しべの特徴だ。花粉をつける雄しべ(男性器)の数や長さ、顕著な特徴を基に24の「綱」を設定し、それを雌しべ(女性器)の特徴に基づいて「目」に分類した。リンネはこの分類法を用いて、当時知られていたすべての植物の包括的なリストを作成し、1753年に『植物の種〈*Species Plantarum*〉』にまとめて出版した。これが植物の近代的分類法の出発点とみなされている。リンネ以前に使われていた呼称は、世界共通の正式名称とは認められていない。

リンネの分類法は植物の生殖器に基づいていたため、批判もあった。異を唱えたひとり、植物学者のヨハン・ジーゲスベックは「胸がむかつくみだらな分類法」と酷評した。それに対してリンネは、雑草のメナモミにジーゲスベックの名にちなんで〈*Siegesbeckia orientalis L.*〉と命名し、意趣返ししている。リンネの分類法はすぐに専門家に受け入れられた。当時はもっぱら形状の特徴を羅列する記述式の命名法が用いられていたが、新たな種が続々と発見され、それが機能しなくなったためだ。トマトを例に取ると、リンネは〈*Solanum lycopersicum*〉と名付けたが、それ以前は〈*Solanum caule inermi herbaceo, foliis pinnatis incisis, racemis simplicibus*〉と表された。「なめらかな草質の茎と鋭い切れ込みのある葉を持つナス属の植物」という意味だ。

リンネの分類法の原理は現在も生きている。ただし、異なる植物間の系統関係が明らかになるにつれ、数世紀にわたって大きく変化した。初めての大変動が起きたのは、チャールズ・ダーウィンの『種の起源』が出版された1859年だ。これにより生物は、自然淘汰の過程で時間をかけて徐々に進化したことが示された。今日、DNAの塩基配列の最新解析技術によって、植物の系統樹はさらに複雑化している。かつてはユキノシタの仲間とされていたバラが、現在はイラクサに近いと考えられている。また、以前パパイヤはト

右上:ヒマワリ〈*Helianthus annuus L.*〉は、リンネが命名した多くの植物のひとつだ。

047

カール・フォン・リンネ（カロルス・リンナエウス）(1707–1778年)

1707年にスウェーデンに生まれたリンネは、医学を学んだのち、ラップランドをめぐる7500キロあまりの旅に出た。この旅で100に及ぶ植物種を発見した。1735年には植物の生殖器に基づく分類法をまとめた『自然の体系〈*Systema Naturae*〉』を出版し、のちの著書『植物学の基礎〈*Fundamenta Botanica*〉』(1736年)と『植物の綱〈*Classes Plantarum*〉』(1738年)で理論に磨きをかけた。当時知られていたあらゆる動植物の調査をしたことが彼の功績だ。1758年には『自然の体系』第10版が出版された。これは現在の二名法による動物学の学名の公式な出発点とみなされている。2007年、リンネの生誕300年を祝して、ロンドンのチェルシー・フラワー・ショーで特設ガーデンが披露された。ガーデンには、スウェーデンの伝統的な建材である花崗岩や木材が使われ、ウプサラに復元されたリンネの夏の別荘を彩る植物が植えられた。

左：カール・フォン・リンネ『ラップランド日誌〈*Lapland Journal*〉』(1732年)より。ラップランドのひとり旅は、リンネの生涯でもっとも重要な経験だったと考えられている。5月から9月まで4カ月間続いた旅の資金は、ウプサラのスウェーデン王立科学協会が援助した。ここで紹介したページには、植物をはじめ、リンネが興味を惹かれたさまざまな物のメモが書かれている（翻訳文献は、160ページ参照）。

ケイソウと関連づけられていたが、現在はキャベツと同類とみなされる。学者のなかには、リンネの命名式に代えて分岐論的命名規約(フィロコード)の導入を主張する者もいる。フィロコードとは、植物を進化の系統樹に基づいて分類し、命名する方法だ。

　科学者はこれまでに40万種類の植物を認定したが、未発見の植物がまだ数百万種はあると考えている。2008年、キュー植物園とインペリアル・カレッジ・ロンドンの研究員が「バーコード」遺伝子を特定したと発表した。遺伝子の塩基配列から種を同定し、地上の大半の植物種の差異を識別できるようになったのだ。これで熱帯雨林のような生物種が豊富な地域の植物リスト作りは容易になったが、気候変動や環境悪化で植物が絶滅する前にリストを完成させることは厳しい挑戦だ。リンネにちなんで名付けられた植物、リンネソウ〈Linnaea borealis〉は今まさにその問題に直面し、イギリスの生育個体数はかなり減っている。生育地となるマツの森林の減少が原因だ。今後もイギリスでリンネソウが生き延びることは、かなり難しいかもしれない。

サキシフラガ・グラヌラータ
Saxifraga granulata
フランソワ・ブリー
『植物の科と属〈Types de chaque famille et des principaux genres des plantes〉』
(1844-64年)より。

049

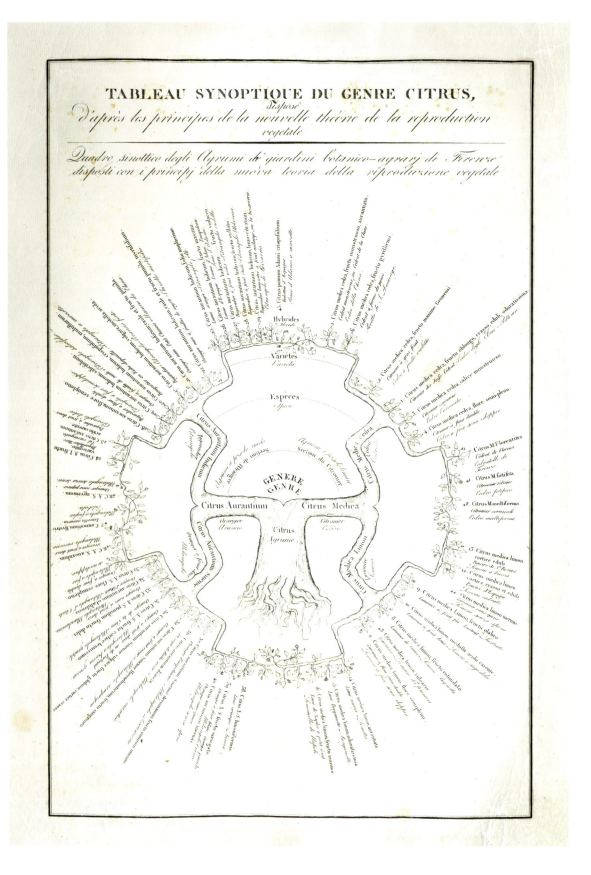

上：19世紀初頭に実っていたミカン属の一覧表。ジョルジオ・ガレシオ作。種の名称がラテン語、フランス語、イタリア語で書かれている。

Passiflora kermesina.

上：トケイソウ属〈*Passiflora*〉には約500の種がある。英名passion flowerは、磔になったキリストの受難（passion）を意味する。花のさまざまな部位が十字架に似ているためだ。

トベラ属
Pittosporum fulvum
E・D・スミス画
ロバート・スウィート
『オーストラレーシアの花〈*Flora Australasica*〉』
（1827–28年）より。

9 サー・ジョゼフ・バンクス

ジョゼフ・バンクスは、博物学、科学、地球規模の問題に関心を寄せた慈善家だ。先祖代々の邸宅があるリンカンシャーの田園地帯を探索するうちに、自然への愛情が育まれた。17歳になる頃には、すでに植物標本集（乾燥した植物のコレクション）を作っていたほどだ。オックスフォード大学へ進んだのも、植物学者として知識を深めるためだった。1761年、18歳にして父親から莫大な財産を相続すると、学位を取らずに大学を中退する。その2年後、軍艦ニジェール号に乗船し、ニューファンドランド島とラブラドル半島へ向けて植物、岩石、動物を採集する遠征に出発した。1768年には、自然科学の分野の才能が認められすでに王立協会のフェローに選ばれていたバンクスは、キャプテン・クックことジェームズ・クックのエンデヴァー号による南太平洋航海に同行した。

航海の第一の目的は、金星の移動を観測し、太陽系の大きさを計算することだった。しかし、バンクスと8人のスタッフは、エンデヴァー号がめぐる土地の博物誌を記録する計画を立てていた。船は南米、タヒチ、ニュージーランド、オーストラリア、ジャワをめぐり、1771年に帰港する。バンクスは3600の植物標本を持ち帰ったが、そのうち1400種は新発見だった。1771年にイギリスで栽培が始まったのは、ニュージーランド原産のハロラギス・エレクタ〈*Haloragis erecta*〉や、ギョリュウバイ〈*Leptospermum scoparium*〉、オーストラリア原産のオーストラリア・レッドブラッドウッド〈*Eucalyptus gummifera*〉やディアネラ・カエルレア〈*Dianella caerulea*〉等、14種類の植物だった。その後バンクスの植物標本の50種類以上の植物に名前がつけられた。アステリア・バンクシー〈*Astelia banksii*〉（ニュージーランド）、シダレハナマキ〈*Callistemon viminalis*〉、メラレウカ・ノドサ〈*Melaleuca nodosa*〉（いずれもオーストラリア）はその例だ。バンクスは翌年のクックの第2回航海にも参加するつもりだったが、15人ものスタッフの同行を求め、しかもそのうちふたりはフランス人のホルン奏者だったこともあり、クックににべもなく断られる。クックは、彼らを乗船させるためには船を改修しなければならず、そうするとバランスを失って転覆しかねないと考えたのだ。こうしてバンクスは航海から手を引いた。

その後はほぼイギリス国内で過ごしたが、1773年頃キュー王立植物園の顧問に任命されたのを機に、おびただしい数の植物を国内外へ移動する責任を負った。1772年にはキューの植物学者フランシス・マッソンを植物採集のために喜望峰へ、1791年にはアーチボルド・メンジーズをアメリカ北西海岸へ、そして1803年にはプラント・ハンターのウィリアム・カーを中国へ派遣する。また、1814年にはアラン・カニンガムとジェームズ・ボウイを南米へ向かわせ、そこ

右上：サー・ジョゼフ・バンクス

053

からふたりはオーストラリアのボタニー湾、南アフリカの喜望峰を順にめぐった。現在ゼラニウムやゴクラクチョウカ〈Strelitzia reginae〉が庭園を彩るのは、マッソンのおかげだ。一方カーはイギリスにヤマブキ〈Kerria japonica〉を、カニンガムはユーカリ属〈Eucalyptus〉、アカシア属〈Acacia〉、トベラ属〈Pittosporum〉の多数の種（しゅ）を持ち帰った。

バンクスは収集家たちに厳格な指示を出した。たとえば、1791年のアーチボルド・メンジーズ宛の手紙では、次のように要求している。

> 王立植物園で種子から育てるのは難しいと思える奇妙な、あるいは貴重な植物をみつけたら、標本を確実に掘り出し、専用のガラスケースに移して、生きた状態で持ち帰るために最大限の努力を払うこと。旅のあいだに集めるべきあらゆる植物の種子と同じように、すべての標本は国王陛下のまったき財産と考え、何が起ころうとも絶対に手放さないこと。どんな目的であれ、どのような部分でも、切ったり削いだり、分断したりしないこと。それが許されるのは国王陛下のみである。

世界各地の植物をイギリスにもたらしたことに加え、バンクスはオーストラリアの最初の入植者が大陸に持ち込む植物の選択にも大きく関わった。彼自身がオーストラリアに上陸していたので、「南緯30-40度に当たるオーストラリア東海岸のニューサウスウェールズの土壌は、大部分が充分に肥沃と断定できる」と述べた。ニューサウスウェールズの気候はフランス南部のトゥールーズと同じと考え、入植者が「旅行鞄に入れるべき生物相」としてヨーロッパ産の野菜、薬草、ベリー類、果物、穀物を選んだ。結果的に、入植者が厳しい土地で生き延びることができたのは、これらヨーロッパの植物のおかげだった。イギリス海軍将校ワトキン・テンチの著書『ポート・ジャクソンの生活〈The Settlement at Port Jackson〉』にはこう記されている。「あらゆる種類の蔓植物が元気に育っているようだ。メロン、キュウリ、カボチャが無限に繁茂する。ニューサウスウェールズのブドウはあと数年でどの国のブドウにも引けを取らないほどになるだろう」

新たな社会を形成する上で植物が中心的役割を担うというバンクスのヴィジョンは、イギリス植民地に造られた植物園でも実現された。バンクスはインド、セイロン（現スリランカ）、セントヴィンセント、トリニダード、ジャマイカの植物園と種子をやりとりし、キュー王立植物園で経験を積んだ者も多い園長らと意見交換をした。フランスの博物学者ジョルジュ・キュヴィエ男爵は、バンクスについて「ヨーロッパのあらゆる庭園に、南洋の島の種を繁茂させ、南洋の島にはわれわれの種を広めた」と語ったらしい。1781年に准男爵の称号を得ると、1804年には王立園芸協会設立に尽力し、40年間王立協会の会長を務めた。現在、バンクスの植物、昆虫、貝類のコレクションはロンドン自然史博物館が所蔵する。彼の名前は太平洋の火山列島バンクス諸島や、オーストラリア原産の植物の属名（バンクシア属）に冠され、今も生き続けている。

バンクスの植物図譜

バンクスの植物図譜は、キャプテン・クック初の世界一周航海に同行したサー・ジョゼフ・バンクスとスウェーデン人植物学者ダニエル・ソランダーが採集した植物の銅版画コレクションである。版画は、航海の記録のために雇われたふたりの画家のひとり、シドニー・パーキンソンによる水彩画を元に作製された。1771年にパーキンソンが航海途上で亡くなったとき、完成していた水彩画は238点だけだったが、バンクスはのちに18人の彫版家を雇い、パーキンソンの絵や乾燥標本に基づいて700点以上の版画を作製させた。その後、植物版画に使用した銅版はロンドンの大英博物館に寄贈された。完成した版画すべてが初めてまとめて出版されたのは、1989年である。

下：アラン・カニンガムはキュー王立植物園のバンクスに数多くの植物を持ち帰ったプラント・ハンターのひとりだ。

上・右ページ：キュー王立植物園の業務日誌より。057ページ上部は、プロヴィデンス号のブライ艦長が輸送したパンノキの登録書類。

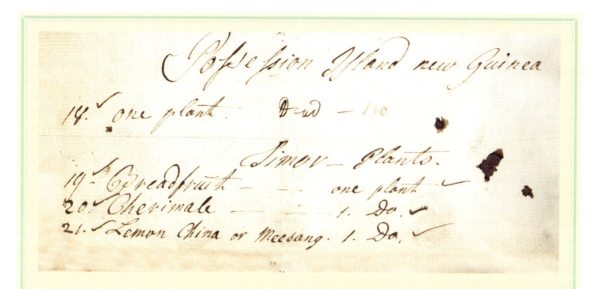

パンノキとバウンティ号

　バンクスが初めてパンノキを見たのは、エンデヴァー号でタヒチ島に寄港したときだった。帰国後、パンの実は栄養豊富で栽培も簡単だと賞賛した。1787年、バンクスはタヒチでパンノキを採集して西インド諸島に運び、奴隷用の滋養豊富な食物として供給するための遠征隊を送り出す。しかし、ウィリアム・ブライ艦長と、キューの庭師デヴィッド・ネルソン、ウィリアム・ブラウンも乗船したバウンティ号の航海は、船員の反乱で終わりを迎える。バウンティ号を追放されたブライと18人の乗員は、小さな救命船で6週間も漂流したのちティモール島に漂着した。そこでネルソンが高熱で命を落とした。ブラウンは艦の反乱者に殺害された。ブライはイギリスに戻り、軍法会議にかけられるが、非はなかったとして無罪になる。1790年代、バンクスはパンノキの採集のためにふたたびブライをタヒチへ派遣した。この遠征は成功し、ブライは「タヘイタ(タヒチ)」の4本のパンノキ、セントヘレナ島の木生シダ、ジャマイカのコーヒーノキとバナナ〈*Musa*〉、そしてセントヴィンセント島のサトイモの仲間アルム・ペダツム〈*Arum pedatum*〉等、349もの植物種を持ち帰っている。

カッシア・マクロフィラ
Cassia macrophylla
カール・S・クンス
〈*Mimoses et autres plantes legumineuses du Nouveau Continent … recueillies par Mess. de Humboldt et Bonpland*〉
（1819年）より。

南米の植物採集

スペインの植物学者ニコラス・モナルデスの言を借りると、15世紀末のクリストファー・コロンブスによる南米大陸発見以降、ヨーロッパの国々は躍起になってこの「新大陸」の「多種多様な草、樹木、油脂、苗木、鉱物」を奪おうとした。しかし、トルデシリャス条約により、新大陸の土地はポルトガルとスペインのみに分配された。スペインが第三者の上陸を許可したのは、赤道付近の緯度1度分の子午線弧長を測定するために、フランスがペルーへ探検隊の派遣を要請した18世紀のことだ。1735年、シャルル・マリー・ド・ラ・コンダミーヌが率いる一団はフランスを出発し、8年がかりで地球の正確な形状を突きとめる調査を進めた。探査の終わりに、コンダミーヌはアマゾン川を下った。日記には、初めて目にする南米内陸部のようすが記されている。「ボルハは、まるで別世界だった。人間社会から隔絶され、淡水の大河の上で、湖、川、水路の迷路に囲まれ、果てしない森の暗がりを突き抜けてあらゆる方向へ進んでいく。目の前には見たことのない植物、珍しい動物、そして見慣れない人間たちが現れた」

彼が興味を惹かれたのが「パラゴムノキ」だった。現地で「カウチューク」と呼ばれる乳液状の樹液には防水性があり、天然ゴムの原料になる。コンダミーヌは「染み出した直後は鋳型を使って思い通りの形にできる」と記した。また、「バルバスコ」という灌木の毒性

も目の当たりにし、「葉や根を水に入れると、魚を中毒させる効果がある」としている。旅を続けるうちに、熱帯雨林の住人から、アマゾン川とオリノコ川の河川網は、自然の水路でつながっているという話を耳にした。コンダミーヌはそれを確認することなく帰国したが、この説は1799年にスペイン政府の上陸許可を得た次の外国探検隊によって証明される。中心人物はドイツ人のアレクサンダー・フォン・フンボルトと、フランス人のエメ・ボンプランだ。ふたりは緯度と経度を用いて、2本の大河を結ぶ自然の運河カシキアレ川の存在を確認した。また、コンダミーヌに刺激を受けて、南米大陸の植物をかつてないほど綿密に調査し、5年間で1万2000点の植物標本を集めた。

1822年、ブラジルがポルトガルから独立すると、かつては厳しかった外国人による探検の規制が緩和された。そのおかげで、イギリス人植物学者リチャード・スプルースもこの植物の宝庫の探索を実現できた。1849–1864年にかけて、スプルースはリオネグロ（ネグロ川）、オリノコ川、アマゾン川、アンデス山脈を探検し、収集した植物をイギリスの後援者に売却した。故郷へ送った手紙には、ジャングルのつらい生活を綴っている。1852年に植物学者ジョージ・ベンサムに送った手紙を紹介しよう。

暮らしている家はとても古い。屋根葺き用の草にはネズミ、チスイコウモリ、サソリ、ゴキブリ等々の害虫がひそんでいる。床（とは名ばかりの単なる地面）はハキリアリの襲撃を受け、ずっと厳しい戦いを続けている。ある夜など、口いっぱいにほおばれそうなほどのキャッサバ澱粉をアリが運んできた。私の植物標本をアリが発見し、それを切って運び始めたこともある。私はやつらを焼き、煙でいぶし、水で溺れさせ、踏みつけ、要するにあらゆる手段で復讐してやった。その甲斐あって今現在、アリは1匹たりとも家のなかに顔を出していない。だが気を抜かずに用心しなければならない。

　1857年、スプルースは外務および植民地省からキニーネを含有するキナノキの標本を採集する任務を与えられる。キニーネは当時唯一のマラリア治療薬だった。植民地インドでマラリアと民族的反乱に悩まされていたイギリスは、原産地エクアドルの自生種が減り続けていたため、自らキニーネの供給源を確保しようと目論んだのだ。スプルースはアカキナノキの若木637本と種子10万粒を手に入れた。これが端緒となり、インドやセイロン（現スリランカ）、イギリス領シッキム（現インドの一部）でプランテーションが誕生する。だが、プランテーション作物の取り引きはジャワ島を支配するオランダが独占し続けた。スプルースは時代に先んじて、商品になる植物資源は乱獲によっていずれ枯渇するだろうと予言した。「森の資源が根こそぎ採られるのを見て私は確信した。人間にとって役に立つ植物成分が何であれ、人間はそれを生み出す植物を、結局は自ら栽培せざるを得なくなる。キナノキ、サルサパリラ、カウチューク等々、すばらしい植物の需要は必然的に増え続ける一方なのだから、森の供給源は減少し続け、いずれ枯渇するだろう」

アレクサンダー・フォン・フンボルト（1769–1859年）

　博物学者にして探検家のフリードリヒ・ハインリヒ・アレクサンダー・フォン・フンボルト男爵は、1769年、プロイセンの首都ベルリンに生まれた。プロイセンの役人だった父親は、長男を政界に入れようと考えたが、アレクサンダーは探検家に憧れた。キャプテン・クックの第2回探検（1722–5年）に同行したゲオルク・フォルスターに出会ったことで探検熱が燃えあがり、ふたりはともにヨーロッパ各地を旅した。1799年、アレクサンダーと友人のエメ・ボンプランはスペイン領だった南米の上陸許可を得て、5年間の滞在で広大な大地を探索する。オリノコ川流域、キューバ、メキシコを訪れ、マグダレナ川流域、コルディエラ山系からキト、リマ、アマゾン川源流まで足を踏み入れ、地質学、植物学、動物学に関連する膨大な数の標本を持ち帰った。帰国後アレクサンダーは旅行記を書き始めるが、30巻に及ぶ大作になり、完成まで20年も費やした。1845年には76歳にして『コスモス〈Kosmos〉』の執筆に取りかかり、宇宙の歴史や地球物理学について要約した。

左ページ：19世紀初頭、フンボルトとボンプランは5年間南米に滞在し、オリノコ川流域を探索した。

右：ピュア・キニーネ。キュー王立植物園所蔵資料より。キニーネを含むキナノキは、19世紀にマラリアの治療薬として重宝された。

上：フンボルトとボンプランが南米で集めた標本のひとつ。植物を押し花にして標本を作る方法は、現在に至るまで変わっていない。

062 | 10……南米の植物採集

左ページ：ルピナス・ヌビゲナス〈*Lupinus Nubigenus*〉のイラストの複製画。カール・S・クンス『フンボルトとボンプランが収集したオジギソウ等マメ科の植物〈*Mimoses et autres plantes legumineuses du Nouveau Continent ... recueillies par Mess. de Humboldt et Bonpland*〉』（1819年）より。

右：1799–1880年にオリノコ川沿いにベネズエラを旅した際にエデュアルド・エンデルが描いたアレクサンダー・フォン・フンボルトとエメ・ボンプラン。

女王にふさわしいスイレン

19世紀初頭、南米を探検したふたりの植物学者が、オオオニバスに初めて遭遇した。最初に発見したのはドイツ人植物学者エドゥアルト・フリードリヒ・ペーピッヒで、1832年にエウリュアレ・アマゾニカ〈*Euryale amazonica*〉と命名した。その5年後、イギリス政府に派遣されイギリス領ギアナ（現ガイアナ）の国境線を調査していたロベルト・ションブルクも、バービス川でオオオニバスをみつけた。ション

ブルクは、この巨大なスイレンにはヴィクトリア女王の名がふさわしいと提案した。そのため長いあいだ、ヴィクトリア・レジナ〈*Victoria regina*〉（女王の意）、またはヴィクトリア・レジア〈*Victoria regia*〉と呼ばれていたが、のちにペーピッヒが名付けた植物と同種であることが判明する。植物の命名規約では、先に公式発表された名前に先取権があるとされる。そのため、現在はヴィクトリア・アマゾニカ〈*Victoria amazonica*〉と呼ばれている。オオオニバスの種子はキュー王立植物園に送られ、苗はのちに造園家にして建築家のジョゼフ・パクストンへ送られた。パクストンはオオオニバスの葉の構造にヒントを得て、1851年のロンドン万国博覧会会場となった水晶宮を設計したと言われている。

ミルトゥス・アングスティフォリア
Myrtus angustifolia
マールテン・ホッタイン
『植物の手引書──リンネの植物学
〈Handleiding tot de plant-en kruidkunde ... von C. Linnaeus〉
(1774–83年)より。

フランシス・マッソンの南アフリカ探検

上：フランシス・マッソンは、数百キロを旅しながら植物を集めた。1797年の北米行が最後の旅になり、1805年にカナダのモントリオールで亡くなった。

右：ブラベユム・ステラティフォリウム〈*Brabejum stellatifolium*〉
マールテン・ホッタイン『植物の手引書──リンネの植物学〈*Handleiding tot de plant-en kruidkunde ... von C. Linnaeus*〉』（1774–83年）より。

　サー・ジョゼフ・バンクスはキャプテン・クックの2回目の世界一周航海には参加しなかったものの、別の方法でその旅の恩恵にあずかった。1772年、バンクスはレゾリューション号に自ら乗り込む代わりに、キュー王立植物園初の公式プラント・ハンターとして庭師助手フランシス・マッソンを送り込む。マッソンはケープタウンにたどりついたところでキャプテン・クックに別れを告げた。その後、船は南極大陸へ向かい、当時存在が信じられていた未知の南方大陸「テラ・アウストラリス・インコグニタ」を目指した。一方マッソンは3年間喜望峰近辺で植物採集を続け、キューがほかの植物園の羨望の的になるような種子や植物をバンクスに送った。

　南アフリカに滞在中、マッソンは3回の探検旅行に出た。最初は650キロに及ぶ周遊探検で、ケープフラッツからパール、ステレンボッシュを経て、ホッテントット・オランダ山脈、スワートバーグ山脈とスウェレンダムの温泉をめぐった。8頭の雄牛が引く荷車に乗り、ガイドにはスカンジナビア人の傭兵を雇って、ケープ植民地の地勢や多種多様な植物に初めて触れた。記録では「この平地の土壌は農耕には向かない。まっ白な砂地で、フォールス湾から吹き付ける南西の風にさらされ、しばしば大きな丘が形成される。それでも、この国特有の多彩な植物が生い茂っている」と述べている。

　1773年1月にケープタウンに戻ると、マッソンは採集した植物をイギリスへ送る手筈を整えた。なかでもエリカの種が多く、ほどなくキュー植物園ではエリカが繁茂し始める。夏にはさらに長い探検に出た。今度の旅にはカール・フォン・リンネのかつての教え子で、オランダ東インド会社の依頼で植物を集めていたスウェーデンの植物学者カール・ペーテル・ツンベルクが同伴した。ふたりは馬に乗り、荷車1台分の荷物と4人の助手を従えての道程だった。マッソンは「なんとも豊かな草原を目にして歓喜した。草は馬の腹まで達し、さまざまな種類のイキシアやグラジオラス、アイリスがあふれ、その大半がケープでは8月に花をつけていた」と書き残している。

　しかし、楽な地形ばかりではなかった。一行は、モスターツ・フックの激流で命を落とすかもしれないと警告されている。それでもマッソンは前進し、のちにこう回想した。

　われわれは前進するという固い決意で自らを鼓舞し、1時間で最初の断崖に到達した。恐る恐る見下ろすと、眼下の川には、信じられないほど荒々しくも神秘的な滝がいくつもあった。浅瀬は流れが激しく、川底には山肌から転がり落ちたらしい巨大な岩がごろごろしている。だがわれわれは、この困難も苦労も、この地で発見する幾多の珍しい植物によって大いに報われると考

えた。川岸は種々多様な常緑樹に覆われている。たとえば、ブラベユム・ステラティフォリウム〈*Brabejum stellatifolium*〉、キッゲラリア・アフリカーナ〈*Kiggelaria africana*〉、ミルトゥス・アングスティフォリア〈*Myrtus angustifolia*〉で、断崖にはエリカをはじめ、まだ誰も言及していない山草が茂っている。

マッソンのケープでの功績を示す資料は、キュー王立植物園が保管する茶色の小型フォルダーに収められている。整った手書きの文字が罫線の上にきちんと並び、865種の植物が列挙されている。そのなかには41種のスタペリア属〈*Stapelia*〉、8種のアマリリス〈*Amaryllis*〉、86種のエリカ属〈*Erica*〉、49種のカタバミ属〈*Oxalis*〉、47種のテンジクアオイ属〈*Pelargonium*〉、そして探検家の名声を残す8種のマッソニア属〈*Massonia*〉もある。マッソンは植物採集の目的で、マデイラ諸島、アゾレス諸島、テネリフェ島、西インド諸島、北アメリカへも赴き、すべての旅で1000種類以上の植物をイギリスへ持ち帰った。もっともすばらしい功績は、キューの温室「パーム・ハウス」のオニソテツの仲間、エンケファラルトス・アルテンステイニイ〈*Encephalartos altensteinii*〉だ。おそらく世界最古の鉢植え植物で、1775年にマッソンが喜望峰から持ち帰って以来キューで生き続けている。1度だけ、球果もつけた。サー・ジョゼフ・バンクスがキューを最後に訪れたのは、そのときだったと言われている。

王にふさわしい花

ケープ植民地には息を呑むほど美しい植物がいくつもあるが、プロテアもそのひとつだ。リンネは、変身の力を持つギリシアの海の神プロテウス(Proteus)にちなんでこの属名(protea)を決めた。高木から低い灌木まで、さまざまな姿を見せるためだ。1605年にカロルス・クルシウスが著書『異国の生物全10巻〈*Exoticorum libri decem*〉』で「優雅なアザミ」と評したのは、南アフリカからヨーロッパに初めて持ち込まれたプロテアの標本のことだろう。この属でもっとも華やかな仲間は、南アフリカ共和国の国花、キング・プロテアである。1775年、フランシス・マッソンはキング・プロテア〈*Protea cynaroides*〉をイギリスに持ち込んだが、原産地から遠く離れた地で花をつけるまでほぼ30年かかった。別の株は1826年に開花したものの、その後しばらくイギリスではプロテア属は花をつけず、キューの温室「テンペレート・ハウス」で5輪咲いたのはじつに160年後のことだった。現在プロテアは毎年たくさんの花をつけている。

スタペリア・キリアータ
Stapelia ciliata
フランシス・マッソン
『新種のガガイモ〈*Stapeliae novae*〉』
(1796年)より。

上：この鉢植えのエンケファラルトス・アルテンステイニイ〈*Encephalartos altensteinii*〉は、1775年にマッソンが原産地の南アフリカからキュー王立植物園に持ち帰って以来ずっと青々としている。

下：マッソンがトリトマ（クニフォフィア・ルーペリ）〈*Kniphofia rooperi*〉等の植物を発見した喜望峰。

カール・ペーテル・ツンベルク (1743–1828年)

　スウェーデン生まれのツンベルクは、カール・リンネの弟子だった。1770年に母国を離れてパリへ行き、医学を学んだが、休暇中に裕福なオランダのコレクターのために日本で植物や種子を収集しないかと誘われる。当時の日本は、オランダ東インド会社の社員しか入国が許されなかった。そのため、まずはオランダ語を完璧に習得すべく、南アフリカのケープ植民地の東インド会社に入社する手筈が整えられた。1772年にケープに到着してから3年間、フランシス・マッソンとともに内陸部を探検した。結局日本には医師として渡り、膨大な数の標本を集めた。それらを1冊にまとめたのがツンベルクの代表作『日本植物誌〈*Flora Japonica*〉』である。

067

バンクシア・セラータ
Banksia serrata
ヘンリー・チャールズ・アンドリュース
『植物図鑑〈*Botanist's Repository*〉』第2巻
(1790年代–1830年) より。

12

地球の反対側の
豊かな植物

オーストラリア大陸で初めて活動したプラント・ハンターは、多くの先住民族だったと言えるだろう。彼らはさまざまな植物種を採集し、食糧や薬、道具として使っていたため、現地の植物相について高度な知識を持っていた。また、長年かけて練り上げた独自の命名方式は、ヨーロッパの命名法よりも植物の特徴をとらえたわかりやすいものも多かった。しかし、オーストラリア先住民の伝統言語の大半は、外国人の到来以来失われ、ごくわずかずつしか再現されていない。オーストラリアの植物をほかの地域に初めて紹介したコレクターは、ウィリアム・ダンピアだ。1699年、ダンピアはオーストラリア西部のシャーク湾とダンピア諸島で24種の標本を集めた。現在の在来種のトベラ属〈*Pittosporum phillyraeoides*〉と思われる木や、低木に生長するグリーン・バードフラワー〈*Crotalaria cunninghamii*〉らしき穀草にも言及している。

オーストラリアの植物コレクションをヨーロッパに初めて大量に持ち込んだのは、サー・ジョゼフ・バンクスとダニエル・ソランダーだった。1768–1771年まで、ふたりはキャプテン・クックの第1回世界周遊航海に同行し、3年

右：軍医にして植物学者のロバート・ブラウン。マシュー・フリンダースのオーストラリア探検に同行した。

がかりで植物を採集した。一行はニュージーランドからオーストラリアへ向かい、東海岸を南から北へ移動した。特に植物が豊富な地域に到達すると、バンクスはボタニー湾（植物湾）と命名するようクックを説得する。「われわれが集めた植物標本は、今や膨大な量になった」と彼は記している。「（乾燥するためにはさみこんである）本のなかで台無しにならないように、特別な管理が必要」になるほどだった。1788年、シドニーへの入植が始まると、著名な養樹家のリーとケネディ一族がオーストラリア原産の新しい植物5種類をイギリスで誇らしげに披露した。そのひとつがサー・ジョゼフ・バンクスにちなんで名付けられたバンクシア・セラータ〈*Banksia serrata*〉だ。ボタニー湾からイギリスへ持ち込まれて栽培された初めての植物と言われている。

1800年には、バンクスは王立協会の会長になっていた。当時フランスはイギリスと戦争状態にあり、敵対していた。それにもかかわらず、パリの国立科学院はバンクスに接触し、オーストラリアへの航海の安全保証を求めた。ニコラ・ボーダン率いる2隻の船による航海で、「貴殿の航海家が世界周遊航海で達成した有益な発見を続ける」ことが目的だった。バンクスは航海の許可を申請し、ボーダンの船団は10月に出港した。博物学者8人、画家3人、園芸家5人も同行した。直後にイギリスの遠征隊も続き、航海家マシュー・フリンダースを筆頭に、軍医にして植物学者のロバート・ブラウン、画家のフェルディナント・バウアーも参加した。イギリス隊にはふたつの目的があった。ひとつは未知の領域の探索、もうひとつはフランス船団の監視だ。オーストラリアのルーウィン岬に到達すると、フランス隊は西海岸を北上し、その後引き返して南側沿岸の調査を開始した。一方、フリンダースはルーウィン岬から東へ

069

向かい、南岸沿いを進んだ。やがて、フランス隊がイギリス隊に追いつき、休戦の旗を揚げる。ふたつの探検隊は「友好的な出会い」をしたようだ。ボーダンは、ヨーロッパへ戻る前に亡くなったが、パリの国立自然史博物館はこの探検の成果を「かつてないほど内容豊富」と讃えた。一方ボーダンとは別の船でイギリス帰国を目指したフリンダースは、フランス政府によってモーリシャスで拘束され、6年半足止めされた。ほかの一行は1805年に4000種の植物とともに帰国し、そのうち1700は新種だったという。ロバート・ブラウンはボッシアエア・デンタタ〈Bossiaea dentata〉の種子をキューに送り、アフガンアザミ〈Solanum hystrix〉も紹介した。一方、同じ探検に参加した園芸家のピーター・グッドは、1803年にエレモフィラ・グラブラ〈Eremophila glabra〉をキューに持ち込んだとされている。しかし彼らの功績よりも、トラファルガーの海戦の勝利とその数時間前の海軍提督ホレーショ・ネルソンの死の知らせのほうが、イギリス社会への影響は大きかった。

1814年、キュー王立植物園の園長ウィリアム・タウンゼント・エイトンがバンクスに手紙を送り、もう一度植物学者を海外へ派遣するよう熱心に勧める。フランスとの戦争で採集計画が頓挫していたので、バンクスがキューから海外へ派遣した植物学者は、ウィリアム・カー以降途絶えていた。フランスとの正式な終戦協定が結ばれたことと、オーストリアがシェーンブルン宮殿にキューをしのぐ庭園を造る懸念もあり、バンクスはアラン・カニンガムをオーストラリアのニューサウスウェールズへ、ジェームズ・ボウイを南米経由で喜望峰へ急派した。「これらの国の植物はきわめて美しく、熱帯の植物が好む異常な高温も必要ないので温室での栽培も容易だ」とバンクスは述べている。カニンガムは探検による「発見は、植物研究にかなり役立

ヨーク・ロードの毒殺犯

スコットランド出身のジェームズ・ドラモンドは、アイルランドの王立コーク研究所植物園の学芸員だったが、1829年に西オーストラリア州にできたばかりのスワン川入植地に移住する。そこでキュー王立植物園をはじめ、多くの施設の植物学者のために植物を採集した。1830年代初頭と1840年代に、多数のヒツジやヤギ、仔牛が原因不明のまま死亡したため、ドラモンドは原因を突きとめようと考える。1頭のヤギに、あるマメ科の植物の絞り汁を与えたところ、翌朝衰弱していたので、もう1度同じものを与えた。するとヤギは直後に鳴き声をあげて死んだ。ヤギを殺した犯人は、ガストロロビウム・カリキヌム〈Gastrolobium calycinum〉という毒のあるマメの一種だったのだ。のちに、これが家畜に悪影響を与え続けていたことが判明した。現在もガストロロビウム・カリキヌムは、多くの家畜が死んだスワン川入植地の地名にちなんで「ヨーク・ロードの毒(York Road Poison)」と呼ばれている。

左:ダンピアが「低木に育つ穀草」と述べたのは、このグリーン・バードフラワー〈Crotalaria cunninghamii〉だったのかもしれない。『カーティス・ボタニカル・マガジン』(1869年)より。

つ」と考えたため、15年にわたりオーストラリア大陸で数々の探検行に出た。大陸北東部の熱帯雨林、北部のマングローブ林、乾燥しきった西海岸、ニューサウスウェールズのイラワラ地区の多雨林や、ティモール島、ヴァン・ディーメンズ・ランド（現タスマニア）、ニュージーランドも訪れている。1831年にイギリスに帰国する際は、強風を回避するためにシドニー湾で待機せざるを得なくなり、カニンガムはいったん下船した。そのおかげで、10年間探し続けていたランをついに発見することができた。カニンガムが集めた標本の総数は、1300種以上にのぼった。1837年にオーストラリアを再訪し、植民地の植物学者としての役割も担った。その後ニュージーランドへの旅で結核にかかり、他界する。「もう植物を探して探検に出ることも、散策に出ることもできなくなってしまった」が今際の言葉だった。

左および下：植物画家フランシス・バウアーの肖像と、弟のフェルディナントがオーストラリアで兄のために用意した机。元囚人が作製し、ユーカリ樹を材料に使った初めての輸出品である。

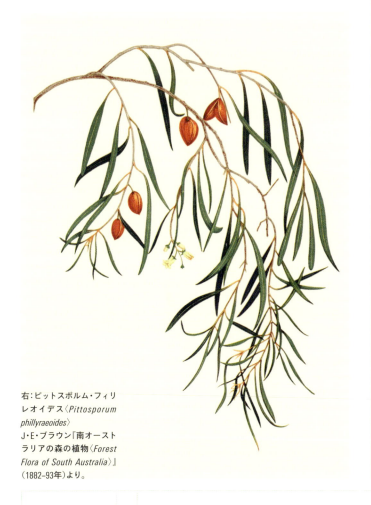

右：ピットスポルム・フィリレオイデス〈*Pittosporum phillyraeoides*〉
J・E・ブラウン『南オーストラリアの森の植物〈*Forest Flora of South Australia*〉』（1882–93年）より。

近代的植物採集の全盛期

　西オーストラリア州を最初期に訪れたのは特に貪欲なプラント・ハンターたちだったが、そこは現代の調査でもかつてないほどのペースで新種が発見されている。科学者の見積もりによると、西オーストラリアの目下の植物相は1万3000種に及び、そのうち温帯気候の南部に6000種が集中しているらしい。この6000種の75–80パーセントが固有種（ほかの土地ではみつからない種）である。キューの園長を務めたスティーヴン・ホッパー教授は、25パーセントの植物はいまだに学名が決まっていないと推測し、そのため新種の発見は今後も増えるだろうと述べている。新種発見の比率の高さはアンセリカ科〈*Anthericaceae*〉を見れば一目瞭然だ。1986年の記録では、アンセリカ科には97の種があると考えられていた。その後新たな発見が相次いだために数が増え、現在はほぼ20パーセント増の115種にのぼっている。

071

上・右ページ：1817年1月および2月にアラン・カニンガムがニューサウスウェールズで集めた種子標本のリスト。

226

90 Campanula minuta sp. sands
91 Stelitzia sp.
92 Bignonacea flor. 5 andra 1 gyna
    said to be very hardy
93 Sebatia sp.
94 Clerodendrum capense seeds of last year
95 Erythrina caffra
96 Aloe spiralis
97 — viscosa v. maxima
98 Cotyledon flore albo N.S.
99 ——— sp.
100 Crassula marginalis ? perfoliata

101 Crassula quadrangularis of Burman?
102 Euphorbia sp.
103 Cordia sp. ?
104 Acacia vera
105 Euonymus fol. subrotundus
106 Cratæva sp. ?
107 Leucoxylon fol. laurina. Burm.
108 Wiborgia sp.
109 ———
110 ———
111 Cissus sp.
112 Similar in habit to 110
113 Elate sylvestris ?
☞ from 91 – 113 from Mackrill

Bulbs in Boxes N.os 1 & 2.

1 Cyanella alba
2 — sp.
3 — sp.
4 Massonia sp.
5 Drimia sp.
6 Lichtensteinia ? undulata
7 Lachenalia various sp.
8 Ornithogalum
9 Gladiolus hirsutus
10 Ixia various sp.
11 Gladiolus sp. rocky situation
12 Mountain do. do.
13 Supposed Drimia do. do.
14 Euphorbia tuberosa 5 roots gravel
15 Ornithogalum sp. rocks & sands
16 Pelargonium sp. 15 roots
17 Sparaxis bulbifera
18 Hæmanthus sp. rocks, stiff earth.
19 Amaryllis revoluta moist but
    stiff earth &c

Basket.

1 Euphorbia Tabl. Mountain
2 Cotyledon longiflora Tabl. Mn.
3 Crassula hemisphærica sandy bit
    rocks.
4 — ovallata sandy soil
5 Stapelia various sp.
6 Aloe picta. Gardens of the Cape.

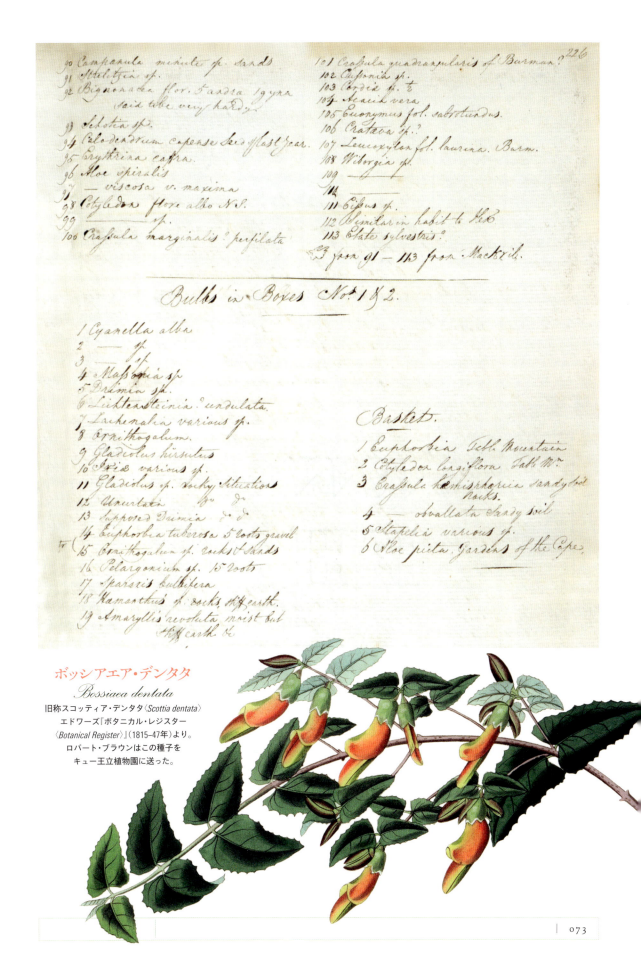

ボッシアエア・デンタタ
Bossiaea dentata
旧称スコッティア・デンタタ〈*Scottia dentata*〉
エドワーズ『ボタニカル・レジスター
〈*Botanical Register*〉』（1815–47年）より。
ロバート・ブラウンはこの種子を
キュー王立植物園に送った。

スミミザクラ
Cerasus acida
キュー王立植物園
キングス・カレッジ・
コレクションより。
アメリカのプレーリーで
みつかった
野生種のサクラ。

13

北アメリカの野生種

　19世紀初頭、アメリカ合衆国は独り立ちしたばかりだった。1775年から元イギリス植民地の13州が独立をかけてイギリスと戦い、1783年には植民地住人が独立を勝ち取った。この東海岸の13州に続いて、1791年にヴァーモント州、1792年にケンタッキー州、1796年にテネシー州、1803年にオハイオ州が加わった。しかし、大部分が未踏査のルイジアナからミシシッピ川西部にかけては、いまだフランスが植民地を保有していた。ミシシッピ川以西はスペインが所有権を主張し、イギリスも大陸北西部へ領土を広げようと躍起だった。1793年、北西会社（ノースウェスト・カンパニー）のスコットランド人、アレグザンダー・マッケンジーが現在のカナダのアルバータ州からジョージア海峡を経て大西洋岸から太平洋側へ抜け、その経路をイギリス王室へ報告した。これに刺激を受けて、新たに就任した第3代アメリカ大統領トマス・ジェファーソンは、ミシシッピ川から太平洋へ至る経路発見のために探検隊を送り込む。

　1804年にこの「発見隊」が太平洋へ向けて文明社会を出発する頃には、アメリカはフランスからルイジアナを買収していた。そのためメリウェザー・ルイスとウィリアム・クラークが率いる発見隊一行の調査は、フランス領への不法侵入ではなく、アメリカの未知の領土の探査になった。ジェファーソンは、北米固有の先住民族の名称や居住地を記録し、探索経路の地図を作製し、行く先々の土壌の特徴や動物、鉱物、化石、気候帯を書き留めるよう指示を出した。「特殊な植物が花を咲かせていたり、花や葉を落としていたりした日付、特定の鳥や爬虫類や昆虫を見かけた回数」の記録も命じた。ルイスは博物学者として、クラークは地図作製者として手腕が期待された。

　1804年7月までに、発見隊はミシシッピ川河畔のセントルイスからミズーリ川を遡り、プレーリーと呼ばれる大草原に到達した。そこで、プレーリー・ローズ〈*Rosa arkansana*〉、シルバーリーフ・インディアン・ブレッドルート〈*Pediomelum argophyllum*〉、スカンクブッシュ・スマック〈*Rhus trilobata*〉を採集した。クラークは日誌に興奮したようすでこう記している。「プレーリーにはチェリー、リンゴ、ブドウ、スグリ類、ラズベリー、グズベリー、ハスルナッツ等々、アメリカでも知られていない植物や花が数多い。植物学者や博物学者にとって理想的な土地だろう」。現在のノースダコタ州の高原に到達した発見隊は、7500人が暮らすマンダン族の村で越冬した。さまざまな道具や日用品を、マンダン族のトウモロコシやカボチャ、マメ、根菜類と物々交換した。

　旅の次の行程で、一行はミズーリ川のグ

レートフォールズ地域に入り、そこで葉の細長いハコヤナギや、今はダグラスファーと呼ばれているモミの木を発見する。現在のモンタナ州ロロで2日ほど休息した後、発見隊はロッキー山脈を越え始めた。クラークの記録によると、「びっしりと樹木に覆われた土地で、8種類の異なるマツが生え、どれも厚い雪に覆われていた。そこを通り抜けるわれわれもすっかり雪にまみれて体が濡れ、かつて体験したことがないほど冷え切った」らしい。それでもなんとか山地を越えて、1805年秋、発見隊は太平洋岸のコロンビア川河口に到達した。ついに太平洋を目にしたクラークは「海が見える、ああ！なんという喜びだ」と記している。この遠征で発見隊は、太平洋と大西洋を結ぶいわゆる「北西水路」は大陸内陸部の山岳地帯には存在しないことを証明し、その行程で多くの新種の植物を採集した。

　ルイスとクラークがアメリカの未知の土地（テラ・インコグニータ）を西へ横断していた頃、サー・ジョゼフ・バンクスと一流の専門家たちがロンドン園芸協会（現在の王立園芸協会）を設立した。1823年、協会は自分たちも広大な大陸の植生について何か学べるかもしれないと考え、デヴィッド・ダグラスをアメリカ北東沿岸のニューイングランドに送り込む。乗っていた馬が暴走したり、荷物を盗まれたり、嵐で船が沈みかけたりしたものの、ダグラスは膨大な数の観賞植物に加え新種のリンゴ、セイヨウナシ、プラム、モモ、ブドウを持ち帰った。協会は彼の旅を「期待以上の成果」と讃え、6カ月後にふたたび太平洋岸北西部の探検に向かわせた。

　その旅で初めてダグラスは、ルイスとクラークが20年前に記録したモミに遭遇する。現在その木は彼にちなんでダグラスファーと呼ばれる。「周囲のどの木よりも高く、河畔に横たわる1本を計測したところ、幹の周囲が約12メートル、高さが49メートルほどだった。頂部は欠けていたので、約58メートルはあっただろう」と彼は記録している。3年間の滞在でダグラスは1万1317キ

ロを探索し、イギリスに戻った。2年後、ふたたびアメリカに渡ったが、今回は運に見放された。カヌー事故で植物標本や記録を失ったのち、ハワイで静養中に悲劇的な死を迎え、35歳の若さで世を去ったのだ。短い生涯だったが、ダグラスは200種以上の植物をイギリスに持ち帰った。そこには「カリフォルニアの一年草」や、現在は広く普及した多数の常緑樹も含まれる。

ウツクシモミ
Abies amabilis
ピエール・ムイユフェール
『森林樹概論〈*Traite des arbres et arbrisseaux forestiers ...*〉』（1892–3年）より。

左：メリウェザー・ルイスはルイジアナ準州の知事に任命された。1809年に亡くなったが、自殺なのか他殺なのか判然とせず、その死は謎に包まれている。

右：ウィリアム・クラークはアメリカの元軍人。メリウェザー・ルイスとともに発見隊を率いたのちミズーリ準州の知事に就任した。

上：モントレーマツとも呼ばれるラジアータパイン〈*Pinus radiata*〉は、カリフォルニア州沿岸部原産である。

デヴィッド・ダグラス（1799–1834年）

　スコットランドのスクーン村に生まれたデヴィッド・ダグラスは、グラスゴー植物園に勤務したのち、ロンドン園芸協会に加わった。1820年代の政情不安から中国行きはかなわなかったが、ニューヨークへ派遣された。幅広く観賞植物を採集し、フルーツの新品種も集めて1年後に帰国した。2度目の北米渡航では3年間滞在する。この間に現在彼の名を冠したダグラスファーに出会い、「周囲のどの木よりも高い」と記録した。さらに探索を続けてカリフォルニアを目指し、そこでそれまで西欧では知られていなかった360の種と20の属に遭遇した。ノーブルモミ〈*Abies procera*〉もそのひとつだ。のちに訪れたハワイで、ダグラスは牛用の罠に落ち、雄牛の角で突かれて非業の死を遂げた。

下：ルイスとクラークがモミを発見したミズーリ川のグレートフォールズ。モミはのちにデヴィッド・ダグラスがイギリスに持ち込み、現在はダグラスファーと呼ばれている。

左：プレーリー・ローズ〈*Rosa arkansana*〉
ブリトンとブラウン『北アメリカの植物図譜〈*An Illustrated Flora of the Northern United States ...*〉』（1896年）より。

ルイスとクラークの標本

　ルイスとクラークが採集した植物の一部は、旅の途中で紛失している。無事に残った標本は、高名なドイツの植物学者フレデリック・パーシュの手に渡った。彼はそれに基づいて植物画を描き、整理分類した。後年出版した『北米の植物――北米植物の系統分類と解説〈*Flora Americae Septentrionalis; or, a Systematic Arrangement and Description of the Plants of North America*〉』には、ルイスとクラークが発見した132種類の植物を掲載し、ふたりの標本の一部に基づく形で新たな94の名称を提唱した。そのうち40の名称は現在も使われている。パーシュがこの大作を出さなければ、ルイスとクラークの植物標本が新種の説明に使われることも、その発見でふたりが賞賛されることもなかっただろう。

左ページおよび当ページ：フレデリック・パーシュ著『北米の植物──北米植物の系統分類と解説〈*Flora Americae Septentrionalis; or, a Systematic Arrangement and Description of the Plants of North America*〉』より。この図版には、メリウェザー・ルイスとウィリアム・クラークが探検中に発見し、のちにふたりにちなんで命名された植物が描かれている。

260　　　　OCTANDRIA MONOGYNIA. Epilobium.

E. oliganthum. *Mich. fl. amer.* 1. p. 223 ?
In Canada and on the high mountains of New York and Pensylvania. ♃. July. *v. v.* Flowers very small, pale red or white.

coloratum.　6. E. caule tereti pubescente, foliis lanceolatis serrulatis petiolatis oppositis, superioribus alternis glabris rubro-venosis. *Willd. enum.* 411.
In Pensylvania. *Muhlenberg.* ♃. July. *v. v.*

palustre.　7. E. caule tereti, foliis sessilibus lanceolatis subdenticulatis, stigmate indiviso.—*Willd. sp. pl.* 2. p. 317.
Icon. *Engl. bot.* 346.
In low grounds: Pensylvania to Virginia. ♃. July. *v. v.*

alpinum.　8. E. caule simplici subtereti 1-2-floro, foliis oppositis ellipticis integerrimis, floribus sessilibus.—*Willd. sp. pl.* 2. p. 318.
Icon. *Fl. dan.* 322.
In Labrador. *Colmaster.* ♃. May, June. *v. s. in Herb. Dickson.* The smallest species, not above two inches high; flowers pale purple.

336. GAURA. *Gen. pl.* 638.

biennis.　1. G. foliis lanceolatis dentatis, spica conferta, fructibus subrotundo-4-gonis pubescentibus.—*Willd. sp. pl.* 2. p. 311.
Icon. *Bot. mag.* 389. *Pluk. amalth. t.* 428. *f.* 2.
On the edges of woods in fertile stony soil: Pensylvania to Carolina. ♂. July, Aug. *v. v.* Flowers rose-coloured, large.

angustifolia.　2. G. foliis crebris linearibus repando-undulatis, spicæ fructibus dissitis oblongo-4-gonis utrinque acutis subcandicantibus. *Mich. fl. amer.* 2. p. 226.
In dry old fields and woods: Virginia to Carolina. ♂. July. *v. v.* Flowers scarcely half the size of the foregoing, pale red.

337. CLARCKIA. *Pursh in linn. soc. trans.* v. 11.

pulchella.　1. Clarckia. *Pursh l. c.*
On the Kooskoosky and Clarck's rivers. *M. Lewis.* ♂. June. *v. s.* Flowers beautiful rose-coloured or purple.
Caulis erectus, teres, superne subramosus, pedalis et ultra. *Folia* alterna, linearia, integerrima, glabra.

Clarkia pulchella.

ロドデンドロン・ダルハウジー
Rhododendron dalhousiae
ウォルター・F・フィッチ（1817-92年）画。
キュー王立植物園所蔵資料より。

14

ヒマラヤの
ジョゼフ・フッカー

カトカルティア・ヴィローサ
Cathcartia villosa
『カーティス・ボタニカル・マガジン』(1851年)より。

1817年、イングランドのサフォーク州に生まれたジョゼフ・ダルトン・フッカーは、植物好きの父親、ウィリアム・ジャクソン・フッカーの影響を受けて育った。ジョゼフの幼少期、ウィリアムはグラスゴー大学で植物学を担当し、のちにキュー王立植物園の園長に就任した。父親の言によると、ジョゼフは15歳にして「家では楽しく満ち足りたようすで、ランについて熱心に学んでいた」らしい。

外国での初めての植物採集は、1839年に探検家ジェームズ・クラーク・ロスの南極航海に同行したときだ。軍医助手兼植物学者としてエレバス号に乗船し、その土地固有の種を集めるよう指示を受けた。染色用に使えそうな南極圏の地衣類や、麻の代替品になるセントヘレナ島の木生シダのように、利用価値が高い植物を探す任務も負った。

南磁極の位置を測定するために費やした4年の探査で、船はマデイラ諸島、喜望峰、タスマニア島、ニュージーランド、オーストラリア、フォークランド諸島、そして南米先端に寄港する。フッカーは植物採集の豊富な機会に恵まれ、見知らぬ土地で新たな植物を発見することを楽しんだ。

フッカーが「この航海で手に入れた植物のなかでもっとも興味深い」と評したのが、ビタミンCの欠乏で起こる壊血病の予防効果があるとわかったケルゲレンキャベツ〈*Pringlea antiscorbutica*〉だ。「この植物の潜在能力は、どの植物の仲間にも似ていないし、見た目も通常とは違う。食用に非常に適している。地上でもっとも植物の生育に向かない荒涼とした地に生える姿を目にすれば、科学者も一般の人々も驚き感動するだろう」と記している。

フッカーのもっとも有名な功績は、インドのシッキム地方で行った植物採集だろう。1847年にインドに向けてイギリスを出発し、1848年にダージリンの町に到着した。その後すぐにシッキムの高山地帯を目指す計画だったが、しばらくダージリンに滞在せざるを得なくなる。ダージリンの割譲をめぐってイギリスとシッキムの関係が冷え込むなか、シッキムの藩王がフッカーの入国を許さなかったのだ。フッカーはダージリンのシダ類や地衣類、コケ類、ラン、アルム、モクレン、ロドデンドロン(ツツジ属)の研究をして暇をつぶした。

大レンジート川を目指して北へ18キロ移動した際は、3種類のロドデンドロンに遭遇した。そのひとつがロドデンドロン・ダルハウジー〈*Rhododendron dalhousiae*〉だ。フッカーは「巨大な木々に寄生し、3メート

上：ジョゼフ・フッカー。キュー王立植物園で20年間園長を務め、死後はキュー・グリーンのセント・アン教会に埋葬された。

081

上：ジョゼフ・フッカー著
『ヒマラヤ紀行〈Himalayan Journals〉』(1854年)の第2巻に掲載されたヒマラヤの景色。

ルほどの高さがある。枝は輪状につき、その先端にはまっ白でじつにかぐわしい花が3–6個ずつついている」と記し、「想像しうる限りもっとも美しい花」と絶賛した。

1848年10月、フッカーはようやくシッキムに向けてダージリンを出発する。イギリスを発ってからほぼ1年後のことだ。身軽な旅とはいかず、当初56人の現地住民をポーター、採集助手、護衛として同行させた。一行は山を登り深い谷を下り、激流にかかる不安定な橋を渡ることもしばしばだった。しかしフッカーは、この植物採集の旅にはそれほどの危険を冒す価値があると考えていた。ダージリンに戻ると、ポーターが運んだ荷物80個分の標本をキュー王立植物園に送ることができた。

ダージリンでひと冬を越したのち、フッカーは1849年5月に2回目の探索に出発する。しかしその行程は、フッカーの再入国を望まない藩王の高官によって妨害された。それでもフッカーは10種類のロドデンドロンを採集し、なかには2種類の新種、ロドデンドロン・グリフィティアナム〈R. griffithianum var. aucklandii〉と、ロドデンドロン・エッジワーシー〈R. edgeworthii〉も含まれていた。フッカーは、「その繊細な美しさは、どの花にも勝る」と述べた。

10月にフッカーはシッキム駐在官アーチボルド・キャンベルと知り合った。キャンベルは藩王とイギリス政府の仲介役を務めていた。ふたりはチベットへ出発し、その後チョラ・パスとヤクラ・パスというルートをたどってシッキム東部を目指す。

旅は成功し、フッカーは24種のロドデンドロンを集め、ヒマラヤ・ウッドランド・ポピーと呼ばれるカトカルティア・ヴィローサ〈Cathcartia villosa〉にも遭遇した。

しかしふたりはチョラ・パスから強制的に引き戻される。ある夜、キャンベルが男たちの一群に襲撃され、藩王の命令で拘束されたのだ。友人とともにシッキムに残ったフッカーは、かつてカルカッタ（現コルカタ）で面識のあったインド総督ダルハウジー卿へなんとか手紙を送る。ダルハウジーは国境へ軍を送りシッキム侵攻を計画したが、実現はしなかった。この事件の結果、シッキム南部のダージリンはインドに合併され、事実上大英帝国の領地になった。この地はとても肥沃で、後年イギリスが南米からキナノキを、中国からチャノキを移植したのもダージリン地方である。

ロドデンドロン・ラブドツム
Rhododendron rhabdotum
リリアン・スネリング(1879–1972年)画。
キュー王立植物園所蔵資料より。

植物の命名方法

　フッカーは自ら採集した多くの植物に、インド滞在中に力を借りた人々の名前をつけた。ロドデンドロン・ダルハウジー〈*Rhododendron dalhousiae*〉は、インド総督ダルハウジー卿の妻の名にちなみ、マグノリア・キャンベリー〈*Magnolia campbellii*〉はアーチボルド・キャンベルへの敬意を表した名称だ。ホジソニア・ヘテロクリタ〈*Hodgsonia heteroclita*〉は、ブライアン・ホジソンの名を不滅のものにした。ホジソンは民俗学者にして動物学者で、彼のダージリンの家を拠点に活動したフッカーは「ホジソンの家で温かくもてなされたおかげで、このすばらしい植物の調査ができた」と述べている。現在はメコノプシス・ヴィオローサ〈*Meconopsis villosa*〉と呼ばれるカトカルティア・ヴィオローサ〈*Cathcartia villosa*〉は、ジェームズ・ファーガソン・カスカートの名にちなむ。カスカートはインドへ派遣された役人で、フッカーに出会ったのは、キャリアも終わりに近づいたフッカーがダージリンで暮らし、地元の画家を雇ってヒマラヤの花をスケッチさせていた頃だった。カスカートは1000点以上の絵をフッカーに贈り、画家のウォルター・フッド・フィッチはそれらを用いてフッカーが1855年に出版した『ヒマラヤ植物図譜〈*Illustrations of Himalayan Plants*〉』用の図版を作製した。

左上：ジョゼフ・フッカーに与えられたシッキムの通行証。シッキムの人々が使うレプチャ文字の文書が西欧の目に触れたのはこれが初めてだった。

左下：フッカーがヒマラヤ行きの旅で持参したティーポット。

右下：フッカーがインドから持ち帰った圧縮成型された茶葉。

Cockburn Island.

The vegetation on this island is exceedingly scanty. The enclosed red lichen covers the stones on some parts of the steep sides of the island, (and forms an object that is conspicuous before landing.

The mosses were found, in very small quantity, in the crevices of rocks near a penguin rookery. the small green plant (conferva?) was found not far from the same situation.

Besides the red or yellow lichen (before mentioned) there were two or three others found growing on stones. there was a white one, of which a bad specimen accompanies this, (and one of a black colour, of which, although I collected several specimens, I did not find a single one in my bag, on coming on board. they

ジョゼフ・フッカーがエレバス号
の旅を記録したノート。彼が発見
した地衣類や藻類の手描きの絵
のほか、コックバーン島の記述も
残されている。

must have been all rubbed
off, through the jolting
they received in ascending
the hill.

Just as the boat was
about to leave the shore,
we discovered that there
were sea weeds on the beach
and had only time to run
along for a few yards and
pick up at random, whatever
presented itself. There was
but a small quantity of
weed strewed along the beach,
but, had we had more time to
search for them, I have
no doubt we might

have procured more species.

Dryall

H.M.S. Terror.'

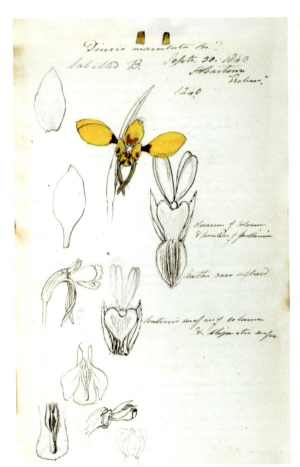

上：ジョゼフ・フッカーのノート。1841年にヴァン・ディーメンズ・ランド（現タスマニア）を訪れた際に彼自身が描いた、さまざまな植物の絵が見て取れる。

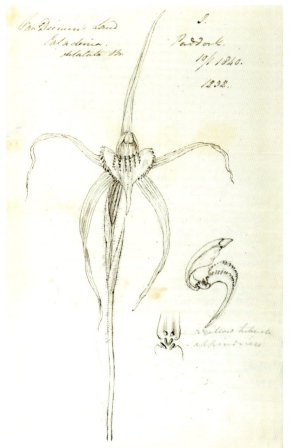 

クレマチス・タングチカ
Clematis tangutica
『園芸雑誌〈Revue Horticole〉』
（1834–56年）。
一般的な名称は
ゴールデン・クレマチスである。

東洋の宝探し

ロドデンドロン・
モウピネンセ
*Rhododendron
moupinense*
『カーティス・ボタニカル・
マガジン』(1915年)より。

たった1点のハンカチノキ〈*Davidia involucrata*〉の乾燥標本が、23歳のアーネスト・ヘンリー・ウィルソンの人生を変えた。植物学の教師から、プラント・ハンターへと転身したのだ。きっかけは、中国で働くアイルランド人医師オーガスティン・ヘンリーが、1891年にキュー王立植物園へ送った標本だった。しかし種子は発芽しなかったため、ヘンリーは標本集めの応援にプラント・ハンターを寄越してほしいとキューに要請する。それを耳にしたヴィーチ園芸商会の経営者ジェームズ・ヴィーチは、そのプラント・ハンターの後援を決めた。ハンカチノキは、郊外に新たに誕生した園芸愛好家のあいだで評判になると踏んだのだ。キューの園長ウィリアム・シセルトン=ダイアーの助言で、ヴィーチはウィルソンを選んだ。そして3年の期限付きでハンカチノキを探し出して持ち帰る契約を結び、「それ以外のことに時間もエネルギーも、もちろん資金も無駄に費やしてはならない」と厳命した。

1900年2月、長江の港町、宜昌に到着したウィルソンは、そこを拠点に2年間活動することになる。オーガスティン・ヘンリー医師は、ウィルソンのハンカチノキ〈*Davidia*〉探しの手助けに同意したが、彼が書いた地図は5万平方キロもの範囲にバツ印がひとつ付けられているだけだった。それでもウィルソンは失望せず、ポーターとなる同行者を集めて出発した。ヘンリー医師がハンカチノキを発見した地域にようやく到達すると、地元の案内人に正確な場所へ案内してもらうことになった。しかし、ウィルソンら一行が目にしたのは美しい木ではなく、木の切り株と、その木で造られた真新しい木造家屋だった。幸運にも、後日ウィルソンは宜昌の南西部で植物採集をしているときに、満開のハンカチノキを発見する。その白い花は「巨大なチョウか小さなハトが木々のあいだを飛び交っているかのようだった」

ウィルソンがイギリスに帰国したとき、ヴィーチはその成果に大いに満足する。ハンカチノキの種子を持ち帰っただけではなく、ほかにも多くの植物の種子や球根を採集し、2600もの標本を集めていたためだ。1903年1月、新婚生活を送っていたウィルソンは、ヴィーチの依頼でふたたび中国へ向かう。今回はチベット高原でケシの仲間のメコノプシス・インテグリフォリア〈*Meconopsis integrifolia*〉を採集することが目的だった。長江のごつごつした岩で船がばらばらになりかけたが、ウィルソンはなんとかチベットにたどりつき、探し求めていたメコノプシス属〈*Meconopsis*〉の金色の草原を発見する。2度にわたる山岳地帯の探検で、メコノプシス・インテグリフォリアとメコノプシス・プニケア〈*M. punicea*〉の種子や、そのほかさまざ

まな植物標本を数多く集め、シセルトン＝ダイアーにこう書き送った。「この2回の探索で、900種以上の植物標本を集めることができた。この完璧な標本一式が、ゆくゆくはキューの標本室に収められることを願ってやまない」

ふたたび帰国したウィルソンだったが、ハーバード大学アーノルド樹木園に説得され、中国へ3度目となる採集旅行に出る。今回は、「中国の木本植物の知識を増やし、可能な限り多くの樹木を栽培に持ち込む」ためだった。マラリアに罹患しながらも、ウィルソンは山峡カエデ〈Acer wilsonii〉やクレマチス・タングチカの亜種〈Clematis tangutica subsp. obtusiuscula〉、ヤマボウシ〈Cornus kousa var. chinensis〉、ロドデンドロン・モウピネンセ〈Rhododendron moupinense〉を苦労の末に採集した。ウィルソンはロドデンドロン（ツツジ属）をことのほか気に入り、のちに「ツツジの季節に中国西部の山岳地帯を越えると、ほかの場所では見られない美の供宴を楽しめる」と記している。

旅が終わると、ウィルソンは家族ともどもボストンに移り、アーノルド樹木園で臨時の職を得て、植物標本の分類を監督した。しかしそれもつかの間、ふたたび採集旅行に旅立った。今度の目的は、以前の探索で発見したリーガル・リリー〈Lilium regale〉の球根の採集だ。最終的に、ウィルソンはかなり奥地のミン渓谷に到達した。「夏の暑さは恐ろしいほどで、冬の寒さは苛烈だ。谷はどの季節も突然の猛烈な暴風の影響を受け、それには人間はもちろん動物さえも前進することができない」場所だった。10月に掘り出す予定の6000個の球根の場所に目印をつけた後、ウィルソンは山崩れに巻き込まれ、輿に乗せられて山を下りた。負傷した片脚が不自由になったため、ウィルソン自ら「リリー麻痺」と呼んだという。

ウィルソンはその後も2回の採集の旅に出た。その際、妻と娘を伴って日本と韓国、台湾を訪れている。日本では九州の久留米市に立ち寄り、100年前から栽培されている久留米ツツジ250点に出会った。北米にその一部を持ち帰り、「運良く美しい乙女のような花を北米東部の庭園に紹介できるとことを、私は誇らしく思う」と語った。彼のコレクションはイギリスで「ウィルソンの50選」と呼ばれるようになったが、実際は51種あった。その後はアーノルド樹木園の仕事に戻ったものの、1930年に自動車事故で妻とともに早すぎる死を迎えた。生涯をかけて、1000種の植物を西欧の庭園にもたらし、その大部分は中国原産の植物だった。著書『プラント・ハンティング〈Plant Hunting〉』では「中国ほど世界中の庭園に貢献している場所はほかにない。中国は花の王国なのだ」と述べている。

上：E・H・ウィルソン。60以上の植物に彼の名がつけられている。

聖なる山、霧島のツツジ

「ウィルソンの50選」に選ばれた久留米ツツジは、1920年3月にアーノルド樹木園主催のラン展でお披露目された。1915年、サンフランシスコ万国博覧会で展示された12種類を除けば、アメリカで披露されるのはこれが初めてのことだった。ウィルソンがツツジを入手した庭の持ち主、赤司喜次郎によると、久留米ツツジの栽培はウィルソン訪問の1世紀前の久留米の人物、坂本元蔵が霧島のツツジをもとに始めたそうだ。「ふたりのすぐれた園芸家、赤司氏と桑野氏の庭は、まさにおとぎの国だった。私は驚きのあまり息を呑んだ。アメリカやヨーロッパの園芸愛好家は、この美しい宝のことを事実上何も知らなかったのだから」とウィルソンは語っている。

左:ハーバード大学アーノルド樹木園で咲き誇るロドデンドロン。

メコノプシス・プニケア
Meconopsis punicea
『カーティス・ボタニカル・マガジン』
(1907年)より。
レッド・ポピーとも呼ばれ、
中国中西部とチベット山岳地帯に
生育する。

メコノプシス・インテグリフォリア
Meconopsis integrifolia
『カーティス・ボタニカル・マガジン』
(1905年)より。
標高3500–4720メートルの
高地でも生育する。

サトウキビ
Saccharum officinarum
フランソワ・ルノー
『有用植物誌〈La botanique mise
a la portee de tout le monde〉』
（1774年）より。

16

サトウキビの犠牲

　人類は、今も昔も甘いものが好きだ。太古の時代、中国ではサトウヤシ〈*Arenga pinnata*〉（異名〈*A. saccharifera*〉）を、アフリカでは砂糖モロコシを甘味料として使った。ニューギニアの住民はサトウキビの甘いジュースを好んだ。8000年前、海を越えてインドネシアやフィリピン諸島へ渡ったとき、彼らはサトウキビも持ち込んだ。そこからほかのあらゆる甘味料をしのぐ砂糖の台頭が始まることになる。現在、世界の砂糖の年間消費量は1億6000万トン。朝食のシリアルから炭酸飲料まで、あらゆるものに砂糖が含まれる。

　やがてサトウキビは、太平洋上の島々からインド最北端に到達する。紀元前1世紀のインドの医師チャラカが著した医学書『チャラカ・サンヒター〈*Charaka-Sanhita*〉』によると、「サトウキビの茎を歯で噛むと、サトウキビ汁が精液を増やす。汁が冷たければ腸を浄化し、油っぽければ栄養摂取と肥満を促進し、痰を出させる」そうだ。歴史家は、サトウキビ汁を抽出して煮詰め、砂糖の結晶を作る工程へ発展させたのはインドの共同体だったと考えている。

　その知識は600年頃にインドからペルシアへ伝わり、さらにイスラム教アラブ人によって西へ広まった。11世紀になり、聖地エルサレムをイスラム教徒から奪還するための十字軍遠征が始まると、キリスト教徒が砂糖の製造技術を学び、キプロス島、クレタ島、

ロードス島、ギリシアで自ら製造し始めた。しかし、15世紀からは、新大陸の発見により砂糖取り引きの中心地がさらに西へと移動する。1420年に探検家ホアン・ゴンサルヴェス・ザルコがマデイラ島を発見すると、ポルトガルのエンリケ航海王子はすぐさまサトウキビ圧搾機を島に設置した。1444年、王子はナイジェリアのラゴスの住人235人をマデイラ島へ送り、サトウキビ畑で働かせた。これが初めてのアフリカ人奴隷である。間もなくマデイラは、年間1790トンを産出する西欧一の砂糖生産地になった。

　島の砂糖の買い手のひとりが、クリストファー・コロンブスだ。2400アローバ（3万6000キロ）の砂糖の買い付けで派遣されたコロンブスは、現地の女性と結婚し島に居を構えた。1492年にかの有名な大西洋横断航海を成し遂げたのち、サトウキビをイスパニョーラ島へ伝え、そこから製糖産業がサントーメ、ブラジル、キューバ、ジャマイカ、メキシコへ広まった。トルデシリャス条約により南米大陸の独占的領土獲得権を手に入れたスペインとポルトガルが、これ以降17世紀末まで、砂糖取り引きを牛耳ることになる。

　16世紀後半の数十年間で、オランダ、イギリス、フランスは、砂糖を輸入し消費するだけの立場から、儲けを求めるようになった。そこでオランダはブラジル沿岸部を支配し、イギリスとフランスはカリブ諸島を奪ってサトウキビ生産地を手に入れた。イギリス領バルバドスも、砂糖の一大生産地になった。3地点を結ぶ三角貿易が確立すると、イギリスの商品がアフリカの奴隷と交換され始める。奴隷は非人間的な扱いで西インド諸島へ船で運ばれ、彼らの重労働によって生産された砂糖がイギリスへ輸送された。350年以上にわたり、1000–1500万人のアフリカの人々が、増大する砂糖需要を満たすために新世界へ送られたのである。

　プランテーションと呼ばれる大規模農場では、サトウキビの植え付け、収穫、粉砕、煮沸が同時進行で行われた。まずサトウキビを機械式のミルで粉砕し、液汁を抽出して煮沸室へ運ぶ。そこでいくつもの大釜に入れて煮

093

詰めるのだが、工程が終わりに近づくと粘性のあるシロップになるので、焦げ付かないようにかき混ぜ続けなければならない。ポルトガルのイエズス会神父、アントニオ・ヴィエイラは、1633年にブラジルのバイアで行った説教で、奴隷たちが炎と煙に巻かれて大釜で作業をする光景を地獄に堕ちた魂にたとえた。

　18世紀末から19世紀初頭、ついに奴隷貿易が廃止され、新世界のサトウキビ産業は衰退した。プランテーションの所有者は新たな労力を確保しようと悪戦苦闘し、新型の蒸気ミルに資金を注ぎ込み、新たに発見されたライバル、テンサイ（サトウダイコン）と市場で競った。1750年、サトウキビはイエズス会士によって北米へ持ち込まれ、1788年にはイギリスからオーストラリアのボタニー湾へ向かう初の囚人植民船団にも積載された。オーストラリアのプランテーションでは、近隣の島々のポリネシア人が労働力として使われた。世界で人気の甘味料を生むサトウキビは、ニューギニアを離れて数千年かけて地球を旅し、ついにその原産地である南太平洋の人々の手に戻って栽培されることになったのだ。

　サトウキビは伝統的にカシャーサという蒸留酒やラム酒の原料として使われてきたが、現在はそれ以外に、砂糖精製過程でできる糖蜜から燃料用エタノールも作られている。世界のエタノール生産量の半分以上がサトウキビと砂糖の製造工程の副産物が原料だ。その世界一の生産国ブラジルでは、現在販売される新車の80パーセントがガソリン同様エタノールが燃料に使われる。異常気象が頻発し、化石燃料依存からの脱却が叫ばれる現在、エタノール市場は拡大し続けている。サトウキビを求める世界の情熱は、まだまだ冷めそうもない。

砂糖の原料になる植物

　サトウキビの系統は複雑で、ほとんどわかっていない。栽培種であるサッカルム・バルベリ〈*Saccharum barberi*〉とサッカルム・シネンセ（竹糖）〈*Saccharum sinense*〉は、それぞれインド北部と中国で誕生した。現在もっとも砂糖作りに利用されるサトウキビ（「高貴種」）は、サッカルム・オフィシナルム〈*Saccharum officinarum*〉だ。その祖先に当たる野生種は、初めてパプアニューギニアで栽培されたサッカルム・ロバスタム〈*Saccharum robustum*〉だろう。サトウキビは太平洋の島々を経由してアジアに広まり、その後地中海地域に到達した。1493年にコロンブスがイスパニョーラ島へ持ち込んだサトウキビ――おそらくサッカルム・バルベリ〈*Saccharum barberi*〉とサッカルム・オフィシナルム〈*Saccharum officinarum*〉の交配種――が、のちに新世界の砂糖産業の基礎を築くのである。

左ページ：西インド諸島でサトウキビを収穫する奴隷たち。1870年頃。

上：1823年にウィリアム・クラークによって造られたアンティグア島の製糖所。サトウキビの液汁を圧搾する粉砕機を風力で動かす。

右端：砂糖の塊。キュー王立植物園所蔵資料。イギリスで栽培されたサトウキビから作られた。このように円錐形に固めた砂糖がシュガーローフ（sugar loaf）と呼ばれるのは、その形が南アフリカのシュガー・ローフ山に似ていることにちなむ。

テンサイとサトウキビ

　1747年、アンドレアス・ジギズムント・マルクグラーフが、ビート〈*Beta vulgaris*〉の仲間であるテンサイからも砂糖が作れることを発見した。サトウキビよりも北の地方で育つ植物だ。これでテンサイを使った製糖産業が誕生し、サトウキビと競合してしばらく市場を奪った。しかし、科学者の研究により、それまで不実と思われていたサトウキビにも種子をつけるものがいくつかあるとわかり、茎を使う伝統的な栄養繁殖が不要になった。そこから品種改良も始まり、今では病気への抵抗力を持つ品種や、特定の土壌や水、気候条件に適した品種、雑草よりも早く生長する品種を育てることが可能だ。19世紀に衰退を経験したものの、現在はサトウキビが世界の砂糖市場の4分の3を占め、テンサイが残りの4分の1を占めている。

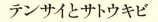

サトウヤシ
Arenga saccharifera
ロバート・ベントリーおよび
ヘンリー・トリメン
『薬用植物〈*Medicinal Plants*〉』（1875–80年）より。
中国では甘味料として使われる。

インドを支配した貿易会社

　1600年12月31日、「イギリス東インド会社」こと「東インドと貿易をするロンドン商人の会社」が誕生した。イングランドのエリザベス女王の特許状を付与され、東インドとの独占貿易を許された会社だ。東インドとは、南アジアや東南アジアも含む漠然とした地域を指した。17世紀には、ほかの国々も似たような会社を立ちあげる。オランダは1602年にオランダ東インド会社（VOC）を、のちにフランスはフランス東インド会社を、スウェーデンはスウェーデン東インド会社をそれぞれ設立した。

　当時はスパイスが高級な「必需品」だったので、1601年の東インド会社の初航海はコショウの産地スマトラ島とジャワ島を目指した。4隻の船の乗組員はイングランドの毛織物とスパイスを交換しようとしたが、熱帯の土地ではほとんど需要がないとわかった。そこで遠征隊長のジェームズ・ランカスターは、ポルトガル船を襲って船荷の金や銀、インドの織物を強奪し、それで500トンのコショウを買い付けた。ランカスターは母国へ戻る前にジャワのバンタムに立ち寄り、交易の拠点となる「商館（ファクトリー）」を造った。その後9年間で、東インド会社はバンタムへ11回貿易船を出している。

　間もなくイギリスは、毛織物よりもインド綿のほうが取り引きには有利だと気づき、インド亜大陸にもファクトリーを置き始めた。その第一号が、1615年、当時はムガル帝国

の統治下にあった北西海岸の港町、スーラトに完成する。1690年までに、インドの東西海岸沿いには東インド会社の貿易基地がいくつもできていた。なかでもマドラス、カルカッタ（現コルカタ）、ボンベイ（現ムンバイ）は非常に重要な拠点になり、イギリスの管轄のもと徐々に一大商業都市へと発展する。東インド会社はそうした拠点を自前の軍隊で守っていた。植民地を求めてインド進出を狙うフランスの野望をくじくと、東インド会社の存在感は現地の統治者をしのぎ始め、1833年にはその勢力が広範囲に及んでいた。

　1699年以降、東インド会社は中国と定期的に交易を続けていたため、18世紀にイギリスで茶の人気が上昇すると茶葉は実入りのいい商品になった。18世紀、ヨーロッパでは茶葉の需要が高まっていたが、中国がその貴重な商品と交換したがるような西欧の品はほとんどなかった。清の乾隆帝は、ジョージ3世に書き送った書状でこう明言している。「私は奇妙な物や独創的な物は好まない。だからあなたの国の工業製品は必要ない」。そのため中国は、茶葉取り引きに金塊や銀塊での支払いを求めた。

　東インド会社はイギリスへの茶葉の輸入を独占したが、関税が高かったため密輸が横行し、銀塊の入手もますます難しくなった。1773年には、インド国内の戦争と飢饉、ヨーロッパの景気の後退がきっかけで、会社の財政状況は悪化していた。会社の破綻を避けるために、1773年、イギリス政府は茶税法を制定、より低い関税率で東インド会社が直接茶葉を北米植民地に売ることを許可した。だが、入植地の地元の商人よりも東インド会社のほうが低価格で茶葉を販売できるようになったため、激怒した植民地住人は、東インド会社の342個の茶葉箱をボストン湾に投棄する。これがアメリカ独立革命の発端となり、最終的に北米では13のイギリス植民地が独立し、アメリカ合衆国が誕生した。

　こうして植民地と中国の直接交易が始まったが、イギリスと東洋の貿易は東インド会社が独占し続けた。しかし、中国が茶葉の支払いに求める銀塊の入手はますます難しくな

097

り、会社はインドで育つケシから作るアヘンを中国商人に銀塊と引き替えに売り始める。違法な麻薬を中国へ密輸したのだ。19世紀初頭になると、東インド会社が東洋との貿易を独占しつつインドの大部分を支配していることに、イギリスの人々も疑問を感じ始めた。ある演説家はこう述べている。「われわれは、一企業が茶葉の商人でありながら、なおかつ強大な帝国の支配者でもあるという、ふたつの相容れない役割が許されることには反対だ」

政府もこれを懸念し、1833年、東インド会社がイギリス領インドを統治する要因になった貿易独占権を停止する。もはや中国の茶葉の儲けが期待できなくなった会社は、中国からインドへ苗木を移植する計画を立てた。インドの紅茶産業はすぐに軌道に乗り、中国による茶葉市場の独占は打ち砕かれた。しかし、インドでもすべてが順調に運んだわけではない。1857年、会社の軍隊で雇われていたインド人傭兵が反乱を起こした。この大反乱がインド独立への道筋をつけ、イギリス政府を東インド会社の国営化へと駆り立てる。スパイス、綿花、茶葉、アヘンという植物を商品として、ほぼ3世紀にわたって交易を続けた東インド会社は、1874年、公式に消滅した。

上：アメリカ先住民に扮してイギリス船に乗り込み、茶葉を捨てるボストン市民。東インド会社が地元商人よりも安価で茶葉を売ることへの抗議だった。

中：1599年、アムステルダムへ戻るオランダ東インド会社の船団。

下：18世紀、イギリスの重要な交易所だったマドラスのセント・ジョージ要塞。

098 | 17……インドを支配した貿易会社

アヘン戦争

　1830年までに、東インド会社が銀塊と交換で売ったアヘンで、300万人以上の中国の人々がアヘン中毒になった。イギリスは、人々の麻薬常用癖につけこんで、年間200万ポンド（現在の10億ポンドに相当）を荒稼ぎした。中国はアヘン取り引きを止めようとしたため、第1次アヘン戦争（1839-42年）が勃発する。しかし中国は破れ、イギリスに対し5カ所の港を開港することを強いられ、香港を割譲した。1856-1860年の第2次アヘン戦争後は、アヘンの合法化や、中国に暮らすイギリス人や西欧人へのさまざまな特権の付与を強制された。中国へ向かう外国のプラント・ハンターが以前より入国しやすくなったのも、2回にわたる戦争の結果のひとつである。

ケシ
Papaver somniferum
キュー王立植物園
キングス・カレッジ・
コレクションより。

右：果汁を採取するために細い傷がつけられたケシの実。

下：アヘン窟でアヘンを吸う人々。東インド会社はインドから中国へアヘンを密輸し、茶葉を買うための銀を工面した。

18 植民地の試み

ナツメグ、メース
Myristica fragrans
ロバート・ベントリーおよび
ヘンリー・トリメン
『薬用植物〈Medicinal Plants〉』
（1875–80年）より。

　18世紀初頭、西欧諸国は未踏の地の探検を続けたため、風変わりな異国の植物がヨーロッパに大量にもたらされた。当初植物園はそうした珍しい植物を栽培し、国内で展示することに精を出した。しかし、熱帯の植物を長い航海のあいだも枯れないように保ち、より穏やかな気候で栽培することは至難の業だった。キュー王立植物園は少なくとも2カ所の「治療用温室」を運営し、庭師たちが衰弱した新入り植物をよみがえらせようと悪戦苦闘した。そんななか、1770年代に、宣教師にして園芸家で、植民地行政官を務めたピエール・ポワブルがすばらしいアイデアを思いつく。モルッカ諸島でスパイスが生る植物を手に入れて、パリの植物園ではなく、フランス領フランス島（現モーリシャス島）で栽培しようというのだ。最初に彼がモルッカから運んだのは5本のナツメグで、のちに「2万のナツメグの種子と苗木、そして300本のチョウジノキ」を追加した。その結果、オランダが独占していたスパイス貿易は、あっという間に壊滅した。

　実入りのいい植物をより適切な環境の植民地で育てるというアイデアは、すぐにイギリスでも取り入れられた。ロバート・キッド将軍は、造船に必要なチークをカルカッタ港近くの植物園で栽培し、海軍に提供してはどうかと雇用主の東インド会社に提案した。キッドは綿花、タバコ、コーヒー、茶葉、インディゴ染料が採れるコマツナギ属、サルサパリラ、サンダルウッド（ビャクダン）、コショウ、カルダモン、樟脳が採れるクスノキ、ナツメグ、チョウジノキを新天地へ持ち込む構想も持っていたようだ。カルカッタ植物園は1787年に完成した。今後探し出して栽培すべき、利益になる植物を東インド会社に助言したのは、キュー王立植物園のサー・ジョゼフ・バンクスである。

　バンクスは、植民地の植物園同士で植物を交換すれば利益が生まれるはずだと考え、キューが「帝国の重要な植物交換拠点」になるだろうと予想していた。間もなくバンクスは、西インド諸島各地の植物園建設や植物の輸送にたずさわるようになる。1787年、海軍士官キャプテン・ブライが呪われたバウンティ号の探検航海に送り出されたのも、タヒチからセントヴィンセント島へパンノキを移植することが目的だった。奴隷用に安定した食糧を手に入れて、イギリスのサトウキビ収穫量を押し上げるのが狙いだ。同じ年にバンクスは、ポーランド人庭師アントン・ホーヴをインド北部のマラータ人の土地へ派遣した。ホーヴの表向きの任務はキューの植物採集だったが、キワタノキを入手し、その栽培方法や加工方法を探るよう密かに指示されていた。当時、西インド諸島の綿花はオランダ

上：1829年に描かれたカルカッタ植物園。経済的価値がある植物を栽培する目的でイギリス植民地に造られた、多くの植物園のひとつ。

右：リチャード・スプルースは、イギリスが南米からインドやセイロンへキナノキを移植する手助けをした。

やブラジル、アジア産の綿花より品質が劣っていたので、栽培家は市場で張り合える綿花を求めたのだ。

　その後のキューの園長、ウィリアム・ジャクソン・フッカー、ジョゼフ・ダルトン・フッカー、ウィリアム・シセルトン＝ダイアーらは、大英帝国の植物拠点というバンクスのヴィジョンをさらに広げていった。1889年までに、キューの植物園支部はインド北部のバンガロール、ボンベイ（現ムンバイ）、カルカッタ（現コルカタ）、マドラス（現チェンナイ）、セイロン（現スリランカ）、モーリシャス、海峡植民地（シンガポール、ペナン、マラッカ）、香港、オーストラリアのニューサウスウェールズ、クイーンズランド、タスマニア、ヴィクトリア、サウスオーストラリア、ニュージーランド、フィジー、南米のギアナ（現ガイアナ）、バルバドス、ドミニカ、トリニダード、グレナダ、ジャマイカ、セントルシア、黄金海岸（ガーナ）、アフリカのケープ植民地（北ケープ、西ケープ、東ケープ）、ニジェール植民地、ナタール、ラゴス、そしてマルタにまで広がり、互いに植物を交換していた。コーヒーノキ、オレンジ、バナナ、パイナップル、アーモンド、コチニールサボテン、ダイフウシノキ、トコン、マホガニーはその例で、原産地とは異なる環境で栽培された。

アカキナノキ
Cinchona pubescens
ジョゼフ・ロック
『国内と海外の実用植物〈*Plantes usuelles, indigenes et exotiques ...*〉』(1809年)より。

102 ｜ 18……植民地の試み

樹皮にキニーネが含まれるキナノキを南米からイギリス植民地であるインドとセイロン、そしてオランダの植物園があるジャワ島へ移植したことは、地球上の風景と人々の暮らしに少なからぬ影響を与えた。当時は、キナノキの樹皮の抽出液で作るキニーネがマラリアの唯一の特効薬だった。1857年、イギリス支配に対する抵抗からインドで大反乱が起こったとき、イギリス政府は兵士の健康を心配し、キュー王立植物園にキナノキを手に入れプランテーションで栽培するよう要請する。そこでリチャード・スプルースとキューの庭師ロバート・クロスがエクアドルで入手した無数の乾燥種子と637本の成木が、すぐにインドのニルギリ丘陵とセイロンで栽培され始めた。1880年までに、ニルギリ丘陵では343ヘクタールの政府のプランテーションと1600ヘクタールの私企業のプランテーションでキナノキが育つまでになった。セイロンでも、2225ヘクタール以上の山腹にキナノキが植えられていた。19世紀後半から20世紀初頭にかけてイギリスがアフリカに領土を拡大できたのは、この「国内産」のキナノキの在庫があったためと言われている。その頃のアフリカは世界でもっともマラリアが蔓延した危険な地域で、「白人の墓場」と恐れられていた。やがてキニーネが広く出回るようになると、イギリスの貿易商はアフリカ内部へ分け入っていく。

植物の移動の目的がおもに大英帝国の領土拡大だったことは疑いようがない。植物や種子が原生地の国の許可なく入手されることも多かった。膨大な面積の土地に自生する植物が伐採され、跡地にはプランテーションが作られた（これが土壌浸食の原因になった）。そしてサトウキビ等の産業を維持するために、数百万人の人々が奴隷として働かされた。こうした問題は、植民地時代には必ずしも唾棄すべき事柄とはみなされなかった。1873年のウィリアム・グラッドストン首相への請願書にはこう記されている。「植民地とインドの事務所の記録をご覧になれば、キュー王立植物園の施設が帝国の繁栄にとっていかに重要かがわかるでしょう」

上：ピエール・ポワブル。モルッカ諸島からモーリシャス島にコショウをもたらした。

下：植物運搬用のガラスケースの版画。

植物を生きたまま持ち帰るために

外国から植物を持ち帰ることは、初期のプラント・ハンターにとって難問だった。長い船旅のあいだに、積み込まれた多くの植物が気温の変化や海水のしぶき、日光不足、淡水不足といった悪条件の犠牲になった。1829年、医師にして園芸家のナサニエル・バグショー・ウォードは、植物を適切な土壌と水分とともにガラスケースに密閉すれば、生きたまま運べる確率が上がると発見する。植物を包み込む湿度の高い空気がガラスの上で結露し、土壌の水分を確保する、そのサイクルが延々と続くためだ。このガラスケースはウォーディアン・ケース（ウォードの箱）として知られるようになった。ハクニーの苗木屋ジョージ・ロディジーズは、次のような記録を残している。「以前は輸送中の航海で20のうち19の植物が枯れていたが、ウォーディアン・ケースのある現在は、平均で20のうち19が生き残る」

センニンサボテン
Opuntia stricta
コチニールカイガラムシはこの上で繁殖する。
キュー王立植物園
ウィリアム・ロクスバラ・
コレクションより。

19

中国から
インドへ運ばれた
チャノキ

ロドデンドロン・
フォーチュネイ
Rhododendron fortunei
『カーティス・ボタニカル・
マガジン』(1866年)より。

現在インドは世界最大の茶の生産地にして消費地だが、19世紀半ばまではチャノキの商業的栽培はまったく行われていなかった。アジア諸国以外で茶葉の取り引きが盛んになったのは、東インド会社が狡猾に行った生物資源の窃盗が大きな要因だ。19世紀初頭、茶葉は中国が独占的に西欧へ輸出し、支払いを銀塊で要求することで取り引き量も制限していた。ヨーロッパでの茶葉人気の高まりを受けて、東インド会社はそうした中国の茶葉産業支配を懸命に崩そうとする。インド北東部のアッサム地方で野生のチャノキが発見されたのち、イギリスは自生するチャノキと中国から入手した若木のプランテーションをそれぞれ作ろうと試みるが、どちらも失敗に終わった。そこで1848年、東インド会社はプラント・ハンターを中国へ派遣することを決めた。目的はひとつ、「ヒマラヤの国営プランテーションのために、もっとも優れた品種のチャノキと地元の加工技術者および道具一式を手に入れること」だった。

そこで送り込まれたのが、ロバート・フォーチュンだ。スコットランド出身のプラント・ハンターで、すでに1度、1843–1846年に王立園芸協会のために中国に渡っていた。そのときはキキョウ〈*Platycodon grandiflorus*〉(当時は異名〈*Campanula grandiflora*〉が使われていた)、アベリア・シネンシス(ツクバネウツギ属)〈*Abelia chinensis*〉、ウェイゲラ・フロリダ(タニウツギ属)〈*Weigela florida*〉に加えてさまざまなボタンも集め、茶葉の栽培地も訪れている。フォーチュンは、紅茶も緑茶も原料は同じ植物だと推測し、輸出用の緑茶はプルシアンブルー(青酸に鉄を混ぜた弱毒性の物質)と石膏で着色されていることに気づいた。茶葉の「美しいつや」を高く評価するヨーロッパやアメリカの「未開人」のためにそのような処置が施されていたのだ。一方中国では、混ぜ物のない茶が飲まれていた。フォーチュンは、チャノキの生育環境や茶葉の製造方法についても観察し、一般には複雑で謎めいていると思われがちだがじつは「チャノキの葉を収穫して茶葉に精製する工程は、きわめて単純だ」と報告した。

1848年、フォーチュンはチャノキ収集の任務に向かった。外国人の立ち入りが禁じられている内陸部へ潜入するために地元民に扮装し、頭髪を剃って辮髪に整え、中国服をまとった。それから325キロを徒歩や小船、輿で進んで、徽州地区の茶葉生産地へ向かった。そこでこつこつチャノキの種子を集め、丘の植生を調べ、緑茶製造方法の情報を入手した。その後、紅茶生産地を目指して福建省北部にも赴いた。もっと無理なく到達できる茶葉生産地も多数あったが、インドへ持ち帰るのは最高品質の茶葉だけと決めていたの

茶はどのように作られるのか

茶はチャノキ〈*Camellia sinensis*〉という植物から作られる。チャノキにはふたつの変種があり、ひとつは中国のチャノキ〈*Camellia sinensis var. sinensis*〉、もうひとつはインドのアッサム地方のアッサムチャ〈*Camellia sinensis var. assamica*〉である。チャノキのほうがアッサムチャよりも耐寒性が強く、葉が小さい。チャノキは17メートルの高さまで育つが、商業的に栽培される場合は剪定して2メートル程度に保つ。紅茶も緑茶も同じ植物から作られるが、製造過程で醱酵させたものが紅茶だ。摘んだ茶葉に大量の風を当てて水分を飛ばし、酵素を活性化させる。その後機械に入れて揉み合わせる。この揉捻作業で葉の細胞壁が壊れ、茶葉特有の香り成分が浸出しやすくなる。

キキョウ
Campanula grandiflora
『カーティス・ボタニカル・マガジン』(1794年)より。

下：グレート・アメリカン・ティー・カンパニーの広告ポスター。18世紀初頭、アメリカでは茶の人気が高まった。

だ。北部の崇安県の村について、彼はこう記している。「この町には大規模な茶葉製造所があふれている。そこで紅茶が選別され、外国市場向けに梱包される。茶の消費地や輸出港の茶葉商人が中国全土から集まり、茶葉を購入して輸送に必要な準備を整えている」

フォーチュンはこうしてひそかに略奪した茶葉をカルカッタへ急送した。その際、種子を輸送する最良の方法として、ウォーディアン・ケースを選択した。1852年に出版された旅行記『茶の国、中国を行く〈*A journey to the Tea Countries of China*〉』によると、「2万本以上のチャノキ、8人の一流の茶葉製造家、そして大量の道具が中国の最高級茶葉生産地で手に入り、安全にヒマラヤへ運ばれ」ている。やがて、アッサムとシッキムでチャノキのプランテーションが完成し、フォー

チュンは「これはインドのみならず、イギリスや多くの植民地にとっても、大きな利益になるだろう」と鋭く予言した。中国は、19世紀後半は茶葉産業の中心地であり続けたが、1890年にはインドの茶葉がイギリス国内市場の90パーセントを占めるまでになっていた。1854–1929年のあいだに、イギリスのインドからの茶葉の輸入額は2万4000ポンドから2008万7000ポンドに上昇している。現在、さまざまな茶は世界でもっとも人気のあるノンアルコール飲料になり、毎年300万トン以上の茶葉が需要を満たすべく生産されている。

108–109ページ:「通草紙」に描かれた中国の絵。茶摘み、乾燥、梱包を経て商品になるまで、茶葉がたどる工程がわかる。「通草紙」とは、カミヤツデという灌木の茎の髄から作られたシート。濡れるとふくらみ、発色も鮮やかなので、19世紀のあいだ盛んに使われた。

ボタン
Paeonia suffruticosa
キュー王立植物園所蔵資料より。

ロバート・フォーチュン（1812–1880年）

ロバート・フォーチュンはエジンバラ王立植物園で働いたのち、ロンドンのチズィックにある王立園芸協会の温室責任者に就任した。その後間もなく協会は、フォーチュンを中国の植物採集へ派遣し、耐寒性のある植物、ラン、水生植物、そして「非常に美しい花」を咲かせる植物を持ち帰るよう指示した。その結果彼の中国での滞在は3年に及び、その間定期的に植物や種子を協会に送った。チャノキを中国から移送し、製茶産業をインドで始めようと目論んだ東インド会社がプラント・ハンターを探したとき、フォーチュンに白羽の矢が立ったのは、この経験が買われたためだ。その後さらに2回中国を訪れたが、そのうち1回はアメリカ政府が製茶産業を確立するための手助けだった。生涯の旅を通してフォーチュンがイギリスにもたらした庭園植物は、120種以上にのぼる。

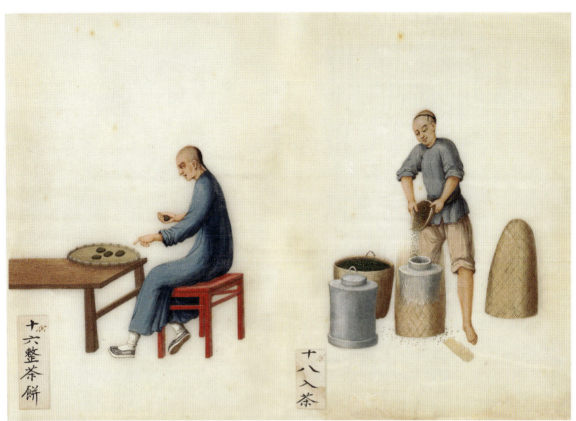

20 世界にまかれた ゴム産業の種

天然ゴムは、多くの熱帯植物から採取される白い乳状の樹液で作られる。樹皮に浅く傷をつけると——タッピングと呼ばれる——粘り気の強いミルクのような樹液が染み出す。19世紀末まで、天然ゴムの産地は、乳状液を生じる木（中米のパナマゴムノキ〈Castilla elastica〉と、アマゾン熱帯雨林のパラゴムノキ〈Hevea brasiliensis〉）が自生する中南米が大半だった。ほかにはインドでも自生するゴムの木がみつかっている（インドゴムノキ〈Ficus elastica〉）。天然ゴムは、南米の人々にはカウチュークと呼ばれ、その特徴は昔から知られていた。アマゾンの先住民は多雨林の滝のような雨に備え、衣類や住居の防水用に用いた。一方アステカ族やマヤ族は、儀式として行われる競技のボールをパナマゴムノキ等の樹液から作った。

未処理のゴムは、暑いと粘つき、寒いときは固まり脆くなるため、長距離輸送には向かなかった。そのため西欧にはゴムの便利さがなかなか伝わらなかったが、1839年、チャールズ・グッドイヤーが硫黄と鉛を生ゴムに加えて加熱すると、低温でも高温でもしなやかでべたつかない物質ができることを発見する。この処理工程は古代ローマの火の神Vulcan（ウルカヌス）にちなんで「vulcanization（加硫）」と命名された。こうしてゴムはたちまち普及し、ウェールズの炭鉱労働者の低体温症治療用温水ベッドから、海底ケーブルの絶縁体まで、あらゆるものに使われ始めた。繊維に伸縮性を持たせるためにも利用された。

1860年までに、ゴムの価格は最高値を記録し、銀の価格に並んだ。南米産への依存から脱却するために、イギリス政府はもっとも利用価値のあるゴムを産出する種、パラゴムノキを自ら栽培しようと考える。南米から種子を入手し、それに適した気候の植民地にプランテーションを作る計画だった。

政府はジョゼフ・フッカーの知人のひとり、ヘンリー・アレグザンダー・ウィッカムに、パラゴムノキの種子を入手してキューに送るよう要請する。種子1000個につき10ポンドの報酬だった。1876年1月、ウィッカムはイギリスを出発した。1876年7月7日付けのキューの公文書には彼の成功が記されている。「6月14日、H・M・ウィッカム氏よりパラゴムノキの種子7万個が届く。翌日にすべてまかれ、4日後に数個が発芽した。現在までに2700本が鉢に移されたが、種子全体の4パーセントにも満たない。これ以降発芽するものはほとんどないと思われるので、これがゴムノキの総数になるだろう。今のところ数百本が40センチほどに成長し、元気に育っている」

カルカッタでもゴムノキ栽培が試されたが、その初期の試みは失敗に終わっていた。気候が適さなかったためだ。そこでフッカー

右：樹液採取用に杉綾模様（ヘリンボーン）に刻み目が入れられたゴムの木と、ヘンリー・リドリー（右側）。

はゴムノキの移送先にセイロン（現スリランカ）を選んだ。そして1919本のパラゴムノキと32本のパナマゴムノキの苗木を、スリランカのペラデニヤ王立植物園のドクター・G・H・K・スウェイツ宛てに送った。これらのゴムノキは適切な環境で順調に生長し、やがて数本がヘネラスゴーダ植物園に移植されてタッピングの実験が始まった。1892年までに、標本の1本は外周が1.95メートルに達し、5年間で3.25キロの乾燥ゴムを産出するまでになっていた。

フッカーはゴムノキをシンガポール、ジャマイカ、モントセラト島、クイーンズランド、カメルーンへも送った。1877年にシンガポール植物園に送られた22本の若木は種をつけ、さらに1200本が誕生した。しかし、1888年にヘンリー・リドリーがシンガポール植物園園長に就任したときには、ゴム園は少々荒れていた。そのためリドリーは「みっしりと草藪に覆われたゴム園をきれいにしなければならなかった。藪はヘビだらけで、なかには8メートルを越えるニシキヘビもいた」。しかし、こうした努力により、すぐに利用できる健康なゴムノキが充分に手元にそろった。彼の実験により、タッピング法ならゴムノキ本体を切り倒す必要もなく、しかも長期にわたり毎日一定量の樹液を採取できることもわかった。

1907年、シンガポールに硫化工場が完成すると、シンガポール植物園で作られたゴムの一部が、栽培種のゴムノキから初めて製造されたタイヤに使用された。リドリーはそのタイヤを自身の二輪馬車に使用したらしい。自転車のタイヤ等の製品でゴムの需要が増せば、すぐに野生のゴムノキだけでは足りなくなると確信したリドリーは、役人や農園主が訪ねてくるとポケットいっぱいにゴムノキの種子を入れ、家の周囲にまくように言ったという。しかし、「頭がおかしい」リドリーと陰口を言われるほどだった彼の情熱も、人々の無知には通用しなかった。リドリーは次のように書き残している。「男がひとりオフィスにやってきた。ニューギニアの栽培植物について調べるためだ。私がゴムノキを勧める

上：記録に残る最古のゴム製品は、1814年に作られたこの水筒だ。

右：ボリビアのゴム製コイン

ゴムの歴史

6世紀：メキシコのアステカ族や中米のマヤ族が、ゴムで繊維をコーティングしたり、競技用のゴムボールを作ったりする。

1751年：フランスの博物学者シャルル・マリー・ド・ラ・コンダミーヌが、植物学者フランソワ・フレスノーの手を借りて、天然ゴムの特性について初の科学論文を出版する。

1770年：ロンドンで1センチ角のカウチュークが売られ、それを鉛筆の線を消す（rub）ために画家が使っていることを知ったジョゼフ・プリーストリーが「消しゴム（India rubber）」という造語を生む。

1823年：チャールズ・マッキントッシュが、2枚の布のあいだに天然ゴムをはさみこんで圧着した防水コートを作る。「マッキントッシュ」はゴム引きコートの代名詞になった。

1839年：チャールズ・グッドイヤーがゴムの加硫法を発見する。

1853年：商人たちが蒸気船の発明を利用してアマゾンに分け入り、ゴムノキを探す。

1888年：ヘンリー・リドリーがシンガポール植物園で大規模なゴムの栽培実験を行い、プランテーション設立を唱える。同年、ジョン・ボイド・ダンロップが自転車用空気タイヤを発明する。

1892年：イギリスの化学者ウィリアム・ティルデンがイソプレンから合成ゴムを作ることに成功する。

1895年：レースに出場したミシュラン兄弟が自動車用空気タイヤを世界で初めて採用する。

1950年代：最後の野生のゴムノキがブラジルから輸出される。

1959年：合成ゴムの生産量が天然ゴムの生産量を抜く。

1990年：世界各地のプランテーションで約50億本のパラゴムノキ〈Hevea brasiliensis〉からゴムが産出される。

2006年：天然ゴムの年間生産量は968万トン。合成ゴムの生産量は1276万2000トン。

パナマゴムノキ
Castilla elastica
フランツ・オイゲン・ケーラー
『薬用植物〈Medizinal-Pflanzen in naturgetreuen〉』
（1887-8年）より。

ゴム園の奴隷

19世紀半ばからコンゴを統治したベルギー王レオポルド2世は、住人をゴム産業で働かせ、コンゴのゴム（ザンジバルツルゴム〈*Landolphia vine*〉）が生む利益を搾取した。コンゴではゴム農園労働者のレイプや殺害等、残虐行為も横行した。これにより初めて人権運動が起こり、1904年、イギリス外交官ロジャー・ケースメントとジャーナリストのエドムンド・モレルがコンゴ改革協会を設立する。アマゾン熱帯雨林でも、ゴム園の「大立て者」が同じように残虐行為を繰り返していた。1912年、ケースメントが大立て者のひとり、フリオ・セサール・アラナを調査し、その結果を公表した。ケースメントの試算によると、ペルーのプトゥマヨ川流域では10年強のあいだに3万人の地元民が殺されたり餓死に追い込まれたりしたという。事件について議会の特別委員会が長期調査を行ったにもかかわらず、イギリス裁判所にはアラナを勾留する権限がなかったため、アラナはペルーに戻って商売を続けた。

と、それは遠慮する、と彼は言った。アメリカでゴムの鉱山がみつかり1ポンド1ペニーで掘ることができると聞いたから、と」

　1930年までに、マレー半島では120万ヘクタール以上がゴムノキの栽培地になっていた。その年の世界の天然ゴム生産量は82万1815トンで、大半はマレー半島産だった。シェア2位はオランダ領東インドの24万トン、セイロンは6万2000トンを産出した。ブラジルはわずか1万7137トンだった。現在は合成ゴムも製造されるが、天然ゴムの生産も続いている。その大部分は、アマゾン川流域からキューに持ち込まれ、1877年にシンガポールへ送られた22本の苗木がルーツなのである。

下：ゴムノキの樹皮に切り込みを入れ、そこから染み出す樹液を集める作業をタッピングと言う。

Santarem, November 8th 1873.
Province Pará: Brazil.

Dr Hooker, Royal Gardens Kew.

Sir,

    I have just received a letter from H. Ms. acg Consul at Pará — enquiring at what price I would supply Government with the seeds (per hundredweight) of the Indian — Rubber tree for introduction into India. Having considered the matter I submit the following suggestions, I am now making a plantation of coffee &c on the right coast of the Amazon above the mouth of the River Curuá ~ below the town of Santarem I would be willing — with Government assistance — to establish a nursery for raising plants from the Ciringa seed I think the locality where I am now making my plantation would be admirably suited for this purpose the navigable Amazon would be enable the plant to be at once placed aboard a vessel without need of further removal or transplanting the plants could be grown from the

左:パラゴムノキ〈Hevea brasiliensis〉の種子をキューに送ったヘンリー・ウィッカム。

左ページおよび下:ジョゼフ・フッカー宛てにヘンリー・ウィッカムがブラジルで書いた1873年11月8日付けの手紙。いずれインドへ移植できるように、ゴムの若木を育てることを提案している。

オドントグロッサム・ロッシ・アメシアナム
Odontoglossum rossi amesianum
ロバート・ワーナーおよびベンジャミン・サミュエル・ウィリアムズ
『オーキッド・アルバム〈The Orchid Album〉』（1882–97年）より。

21
ランへの情熱

　ランを意味する英単語orchidは、睾丸を表すギリシア語orchisに由来する。ギリシアの哲学者テオフラストスが紀元前300年頃に著した『植物誌〈Enquiry into Plants〉』で初めて使ったとされる。彼がこの言葉を選んだのは、地中海地域の特定のランが睾丸に似た塊茎を持つためだろう。しかし、ランはこの哲学者が初めて言及するはるか以前から尊ばれていた。紀元前2800年、古代中国の伝承の天子、神農が薬用植物についてまとめた『神農本草経』では、鮮烈なピンク色のシラン〈Bletilla striata〉が取りあげられた。のちの時代の孔子（紀元前551–479年）はランを「かぐわしい植物の王」と讃えた。そして10世紀には、中国のキンショウなる学者が『蘭の書〈Orchid Book〉』で東洋のシンビジウムの歴史を紐解き、最初に栽培した人々の名前や生息地、栽培技術を明らかにした。

　ヨーロッパで最初にランについて著したひとりが、エンゲルベルト・ケンペルだ。ドイツ人の博物学者にして医師で、オランダ東インド会社の船医も務めた。1639年以降、オランダ東インド会社は日本との交易権を独占し、ケンペルも日本を数回訪れている。彼の著書『廻国奇観〈Amoenitatum exoticarum…Fasciculi〉』(1712年)には、セッコク〈Dendrobium moniliforme〉という植物が登場する。京都の公家の友人が栽培しセッコクと名付けたとされるランで、「長生蘭」の別名もある。1698年には、西インド諸島のキュラソー島原産の洋ランがヨーロッパ最初のランとしてオランダで栽培されていた。その数十年後、最初は乾燥標本で持ち込まれたブレティア・パープレア〈Bletia purpurea〉が、海軍士官サー・チャールズ・ウェージャーのロンドンの庭園で咲き誇っていた。

　キュー王立植物園が初めて洋ランを手に入れたのは、1760年のエピデンドラム・リジダム〈Epidendrum rigidum〉だ。その後洋ランのコレクションがみるみる増えたことからも、当時ランへの関心が高まりつつあったことがよくわかる。1768年の時点でキューは24種のランを所有し、そのうち2種は熱帯産の洋ラン、残りは現地栽培種だった。1789年には、15種の外来種が栽培されている。1813年になると、キュー所有の洋ランは46種に増え、そのうち約12種以上がオーストラリアと南アフリカ原産だった。その後、1818年に、イギリスの学者ウィリアム・スウェインソンがブラジルのランを採集してイギリスへ送った。その年の後半、標本を受け取った植物愛好家ウィリアム・カトリーの家でランのひとつが花をつけ、トランペットを思わせる大きく美しい唇弁が大評判になった。カトリーは「ラン科のなかで、もっとも華麗で美しい花だろう」と述べた。その花は現在、カトリーの名にちなんでカトレア・ラビアタ〈Cattleya labiata〉と呼ばれている。

　スウェインソンは、そのランを採集した場所を公表しなかった。しかし1836年、博物学者ドクター・ジョージ・ガードナーがリオデジャネイロのオルガン山脈で自生するカトレアを発見したと宣言する。のちに、ガードナーがみつけたのはカトレア・ラビアタではなく、ソフロニティス・ロバータ〈Sophronitis lobata〉だと判明した。ガードナーはパライバ川河岸でも幻のカトレアをみつけたと主張したが、これもカトレア・ラビアタとは別のカトレア・ワーネリー〈Cattleya warneri〉だった。結局カトレア・ラビアタが再発見されたのは、1889年のことだ。ブラジルのペルナンブーコ州で、スウェインソンが最初の標本を採集したまさに

117

その場所だった。ランの雑誌『オーキッド・レビュー』はこの再発見を「年間最高賞」と讃えた。

ヨーロッパの人々を熱狂させたもうひとつのラン、いや、ラン製品が、バニラだ。ラン科のバニラ・プラニフォリア〈*Vanilla planifolia*〉やバニラ・フラグランス〈*Vanilla fragrans*〉の香り高い莢から抽出さ

カトレア・ラビアタ
Cattleya labiata
ジョン・ニュージェント・フィッチ画。
ロバート・ワーナーおよび
ベンジャミン・サミュエル・ウィリアムズ
『オーキッド・アルバム〈*The Orchid Album*〉』
（1882–97年）より。

ラン・ハンターたち

さまざまな経歴を持つラン・ハンターのなかから、著名な人々を紹介しよう。

ユゼフ・リター・フォン・ラヴィッツ・ヴァルセヴィッツ（ポーランド生まれ、1812–66年）：ポーランドの11月蜂起が失敗に終わったのち出国。グアテマラで落ち着き先を探しているときにランに出会い、一生涯ランを集めてドイツに送ることを決意する。彼の名前はカトレア・ワーセウィッチ〈*Cattleya warscewiczii*〉に残っている。

ジャン・ランダン（ルクセンブルク生まれ、1817–98年）：ブラジル、メキシコ、キューバ、中米、コロンビアとベネズエラにまたがるアンデス山脈で1100種以上のランを集めた。デンドロフィラクス・リンデニー〈*Dendrophylax lindenii*〉は彼の名にちなむ。

チャールズ・サミュエル・ポラック・パリッシュ師（イングランド生まれ、1822–97年）：ビルマで宣教師として活動し、伝道所の庭で150種を育てた。パフィオペディラム・パリシー〈*Paphiopedilum parishii*〉には彼の名が冠された。

ベネディクト・レーツル（プラハ生まれ、1823–85年）：中南米を長年旅し、ヨーロッパへ800種のランを送った。ミルトニオプシス・レズリー〈*Miltoniopsis roezlii*〉（異名オドントグロッサム・レズリー〈*Odontoglossum roezlii.*〉）は彼の名前から命名された。

上：ベネディクト・レーツル。1度の探検収集で8トンもの植物を母国へ送った。

れる香料である。17世紀末にはすでにヨーロッパ各地で知られていたが、その供給は最大の産地メキシコを支配するスペインが牛耳っていた。フランスとイギリスは、スペインに頼らず自らバニラを栽培しようと考える。しかし、原生地以外でどう栽培するのか、見当もつかなかった。突破口が開いたのは、フランスがインド洋のレユニオン島へバニラの株を持ち込んだときだった。エドモン・アルビウスという奴隷の少年が人工受粉に成功したのだ。小さなランの花の唇弁を親指でめくり、蓋になっている小嘴体を押し上げて、葯と別の花の柱頭をこすり合わせる方法だ。この発見後、多くのレユニオン島のプランテーションでバニラ栽培が始まった。50年とたたないうちに、レユニオン島は年間200トンのバニラビーンズを輸出するようになり、メキシコを抜いて世界最大のバニラ産地になった。

　この頃には苗床園も遠方の原生地のランを手に入れようと本腰を入れていた。なかでもジェームズ・ヴィーチ園芸商会（のちのジェームズ・ヴィーチ・アンド・サンズ）はお抱えのプラント・ハンターを海外へ送った初めての園芸業者で、ウィリアム・ロブを南北アメリカ大陸へ、トマス・ロブを極東へ向かわせた。コレクター同士の競争が激しかったことは、セオドア・コーデュアがライバルのカール・ハートウェグについて語った言葉からもうかがえる。「ハートウェグからしょっちゅう聞かされた話だ。メキシコにいるときに、大きなレリア・スーパービエンス〈*Laelia superbiens*〉を彼とミスター・ジョージ・ユア・スキナー（ランのコレクター）が同時に発見した。ふたりとも自分のものにしようとしたが、そのときは手に入れられなかった。非常に高い木の上に生えていたからだ。ハートウェグはミスター・スキナーを出し抜こうと、翌日早朝に地元民を連れて出発した。そして持参した斧でその木を切り倒し、大きなレリア〈*Laelia*〉をまんまと持ち去ったということだ」

バニラ栽培の苦労

　香り高い莢をつけるランの代表は、バニラ・プラニフォリア〈*Vanilla planifolia*〉だ。蔓植物で、小さな黄色い花はほとんど香らない。受粉すると子房がふくらんで長い緑色の莢になり、なかに小さな黒い種が数千とできる。この莢を茶色くなるまでゆっくり乾燥させると、よく知られたバニラの香りを放つようになる。本来バニラビーンズの採れるランの受粉には、中米に生息するハチが欠かせない。また、種子が発芽するためには菌との共生関係が必要だ。種子は野生のコウモリに食べられ、排泄された場所の環境が適していれば発芽し生長する。

121–123ページ：19世紀のラン収集家、ジョン・デイのスケッチブックより。デイは熱心なランの収集家のひとりだった。総計53冊のスケッチブックを残し、植物学者とも交流した。現在多くのランにジョン・デイにちなんだ名がつけられている。

エピデンドルム・
フォエニセウム
Epidendrum phoeniceum
ミス・ドレイク画。
ジョン・リンドリー『蘭の植物画
〈Sertum orchidaceum〉』
（1838年）より。

13B ODONTOGLOSSUM ANDERSONIANUM

Nº 3 of Cat.
March 5th 1877

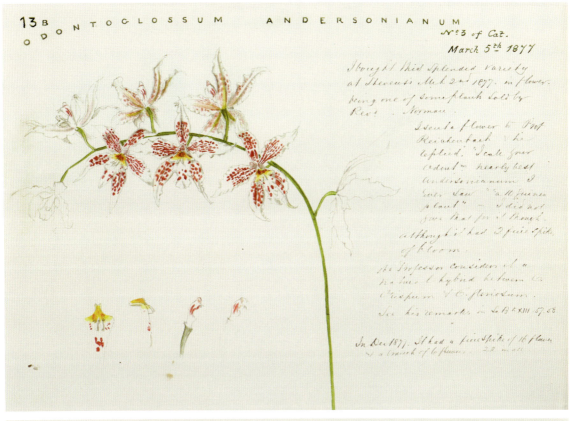

I bought this splendid variety at Stevens' Mch 2nd 1877. in flower. being one of some plants sold by Revd . Norman.

I sent a flower to Prof Reichenbach & he replied "I call your odont — nearly best Andersonianum I ever saw — a Queen's plant" — I did not give that for it though although it had 3 fine spikes of bloom.

The Professor considers it a natural hybrid between O. crispum & O. gloriosum. See his remarks in Lo.B.t.XIII. 57. 58.

In Dec 1877. It had a fine spike of 16 flowers & a branch of 6 flowers. 22. in all

ODONTOGLOSSUM TRIUMPHANS

Janv 31st 1878
Nº 45 of Cat.

Bought of Low & Co. Augt 1870 being one of several I had of their importation from New Granada.

This is a very fine variety — the colours being so bright & rich — the spots so numerous & varied & the shape so fine —

Some varieties are much more dingy, owing to the brown spots prevailing — & others on the contrary are too yellow

In former Scrapbooks I have drawn several flowers.

Bulbs 3in x 1½ in. whole smooth shining green & furrowed & furrowed with age.
Leaves two. 11. 13 in x 1. 1½ lanceolate acute papery thin smooth light green.

CATTLEYA SCHILLERIANA

N° 72 B
N° 72 A   74
May 30th 1877

These two plants, so different, happened to be planted together in the same basket — they form a remarkable contrast. They were obtained with the one in p. 73.

73 CATTLEYA SCHILLERIANA
N° 46 of lot
May 28th 1877

These 3 fine varieties were all bought of R. Bullen in Sept 1876 & were collected by Mr Henry Blunt in Brazil — I have flowered a good many and they vary even more than any Cattleya I have seen except guttata — There are 2 more drawn in Vol XVII p. 19 & 4 — I might do many more — but these form a fair example — Some are poor & not distinct as these. A frequent fault is in the labellum folding back & not laying flat & open.

芸術の新ジャンル

太古の洞窟壁画にはさまざまな動物が描かれたが、植物が芸術に現れるのはかなり後のことだ。紀元前15世紀にエジプトのカルナック神殿に造られた石のレリーフには、275点の植物が描かれている。なかにはザクロとドラゴンアラム〈*Dracunculus vulgaris*〉の特徴をはっきりと備えた植物もある。青銅器時代のミノス文明で栄えたクレタ島クノッソスに近いアムニソスの壁画にも、ニワシロユリ〈*Lilium candidum*〉とわかる絵がある。

1世紀になると、ギリシアの医師ディオスコリデスが5巻からなる『薬物誌〈*de Materia Medica*〉』を著し、薬用植物の調合や効能、分類をまとめた。現存する最古の植物画は、この『薬物誌』の6世紀の写しで、コデックス・ヴィンドボネンシス(通称ウィーン写本)と呼ばれる。15世紀末までは、そこに収められた不自然で写実的とは言えない絵が植物画のスタイルとして定着していたが、それ以降の画家たちは自然から直接インスピレーションを得るようになる。1530年に出版されたオットー・ブルンフェルスの『本草写生図譜〈*Herbarum Vivae Eicones*〉』や、1542年のレオンハルト・フックスの『植物誌〈*De Historia Stirpium*〉』には、より緻密な植物画が掲載された。レオナルド・ダ・ヴィンチもこの写実的な手法を採用し、『アトランティコ手稿〈*Codex Atlanticus*〉』には「自然の姿をそのまま写し取った花々」が多数収められている。

17世紀に入り、探検家が未踏の地で風変わりな動植物に遭遇するようになると、自然科学が盛んになった。画家のマリア・ジビーラ・メーリアンは、昆虫の変態の過程に魅了され、ヨーロッパの昆虫の幼虫や成虫がエサとなる植物の上にいる姿を描き、3巻の画集として出版した。メーリアンはスリナムで2年間過ごしたのち、『スリナム産昆虫変態図譜〈*Metamorphosis Insectorum Surinamensium*〉』も発表した。しかし、外国の植物を見るために遠方へ旅する必要は必ずしもなかった。というのも、目新しい植物が続々とヨーロッパに持ち込まれていたためだ。珍しい植物のコレクションを増やした富裕層や植物園は、画家に依頼して植物画を描いてもらい「花譜」と呼ばれる豪華な書物にまとめるようになった。

18世紀半ばから19世紀半ばにかけて、植物画は科学界の要望に応えるまでに発展した。リンネが生殖器官に基づいて植物を分類したので、画家もその部分の特徴がよくわかるように強調し始めた。リンネの分類法の擁護者のひとり、ゲオルク・ディオニシウス・エーレットは、植物画の黄金期を代表する画家である。庭師の息子としてドイツのハイデルベルクに生まれたエーレットは、1736年にイギリスに渡り、上流階級に植物画を教えるかたわら、多くの花譜や旅行記用の絵を描いた。彼自身の画集『花蝶珍種図録〈*Plantae*

左ページ：青銅器時代のミノス文明で栄えた古代都市クノッソスの壁画。ニワシロユリが描かれている。

右上：18世紀半ばに活躍した植物画家、ゲオルク・ディオニシウス・エーレット。

『〈et Papiliones〉』も出し、植物学者クリスト
フ・ヤコブ・トレウの『美しい庭の四季
〈Hortus Nitidissimis〉』や博物学者グリフィ
ス・ヒューズの『バルバドスの博物学〈The
Natural History of Barbados〉』にも図版を
提供した。

　エーレットの死後、植物画家ジョン・ミ
ラーが『リンネ式性分類体系図〈Illustrations
of the Sexual System of Linnaeus 1777〉』
の図版を作製した。これをリンネは「世界が
始まって以来もっとも美しく正確な植物画」
と高く評価した。

　サー・ジョゼフ・バンクスは、18世紀末
から19世紀にかけて植物画の方向性に影響
を与えることになる。バンクスは自ら参加
したクック船長の初の世界一周航海に博物
画家シドニー・パーキンソンを同行させた
だけではなく、オーストリアの画家フラン
シス・バウアーもキュー王立植物園の「お抱
え植物画家」として雇った。バウアーが描く
植物画は顕微鏡を使ったかのような緻密さ
が特徴で、『キュー王立植物園で栽培された
珍しい植物〈Delineations of Exotick
Plants〉』(1796–1803年)や『ゴクラクチョウカ
花譜〈Strelitzia Depicta〉』(1818年)をはじめ
とする書籍にも使われた。

　フランツの弟フェルディナンド・バウアー
も植物画家だった。彼はオーストラリアに渡
り、複雑な花粉の粒に至るまで、非常に精緻
な植物画を描いた。オーストラリアの野生生
物の正確な姿を描いたのもフェルディナンド
が初めてだった。

　1787年、イギリスの植物学者ウィリアム・
カーティスが『カーティス・ボタニカル・マ
ガジン〈Curtis's Botanical Magazine〉』とい
う園芸誌を創刊する。これで、さほど裕福
ではない人々も花や植物の美しい絵を手にで
きるようになった。ヴィクトリア朝のあいだ
月刊誌として発行され、毎号60点もの手彩
色の植物画が掲載された。その大半は人々が
初めて目にするものだった。

　この雑誌に図版を提供した画家のなかで
も、スコットランド生まれのウォルター・
フッド・フィッチは特に腕が良かった。

1837–1878年のあいだに2000点以上の作品
を描いている。彼を雇ったのは『カーティ
ス・ボタニカル・マガジン』の編集者、ウィ
リアム・ジャクソン・フッカーだった。
1841–1865年にかけてキューの園長も務め
た人物だ。フィッチは、フッカーとジョー
ジ・ベンサムの『イギリス植物誌便覧
〈Handbook of the British Flora〉』(1865年)
や、ジョゼフ・フッカーの『シッキム・ヒマ
ラヤのツツジ属〈The Rhododendrons of
Sikkim-Himalaya〉』(1849–51年)および『ヒマ
ラヤ植物図譜〈Illustrations of Himalayan
Plants〉』(1855年)でも図版を担当し
た。『カーティス・ボタニカル・マ
ガジン』は、最長寿の植物雑誌とし
て現在も出版が続いている。
その特徴である植物のカ
ラーイラストは今も健在だ。

ニゲラ・ヒスパニカ
Nigella hispanica
『カーティス・ボタニカル・
マガジン』(1810年)より。

コデックス・ヴィンドボネンシス（ウィーン写本）

　現存する最古の挿絵入り植物画集『コデックス・ヴィンドボネンシス』（通称ウィーン写本）は、古代ローマの医師ディオスコリデスの『薬物誌』の写本である。西ローマ帝国の元皇帝オリブリオスの娘、ユリアナ・アニキアに献上するために512年に作製された。この古代の作品の手描きによる複製は、フェルディナント1世によってスレイマン大帝時代のオスマン帝国大使に任命されたオージェ・ギスラン・ド・ブスベックが1562年に発見した。7年後、写本はウィーンの帝国図書館に収蔵されたが、購入者がブスベックなのかフェルディナント皇帝なのか、定かではない。第1次大戦後、一時イタリアの手に渡りヴェニスへ移されたが、のちにオーストリアに戻った。写本にはページ全面を使った約400点の植物画が掲載されている。作品の画風から、元の絵は2世紀に遡ることがうかがえる。

上：フランス人植物画家ニコラ・ロベール（1614–85年）によるヒマワリの版画のポスター。ロベールはルイ14世のために植物画を描いた。

ハイグローブ邸の花譜

2008年と2009年に、プリンス・オブ・ウェールズ、すなわちチャールズ皇太子が植物コレクションの記録用に植物画を用いる伝統を復活させ、『ハイグローブ邸の花譜〈The Highgrove Florilegium〉』を出版した。数量限定、全2巻の豪華本には、現代の国際的アーティスト70人以上が手がけた植物画が収められ、120ヘクタールの敷地を持つ皇太子の私邸「ハイグローブ邸」の庭園を彩る植物を目にすることができる。サリー・クロスウェイトによるヨウラクユリ〈Fritillaria imperialis〉の鮮やかなオレンジ色のつぼみや、リジー・サンダースのピンク色やラベンダー色のツツジの花、端眞由美の優美なモクレン、そしてキャサリン・マニスコの大きなリーキも掲載されている。175部限定のこの花譜の価格は1万950ポンド。売り上げはプリンス・チャリティ財団に全額寄付される。

コンボルブルス・ブルガリス・メジャー・アルブス（サンシキヒルガオ属）
Convolvulus vulgaris major albus
ゲオルク・ディオニシウス・エーレット（1708–70年）による水彩画。

130–131ページ：マリアン・ノースがセイシェル諸島の旅について綴った手紙。木をスケッチする自らの姿も描き込まれている。

Praslin 4th Nov 1883
Seychelles

Dear Dr Allman   address
                    care of Ireland Fraser & Co
                              Mauritius,
    I know Mrs Allman will forgive
my sending you the above sketch of myself
in Seychelles instead of sending it to
her. I feel that you will better enter
into the delight of the situation. How
I got up & how I got down is still a
mystery to me — but I know that if a
cramp had seized me, you would
have seen little more of your
friend — for the boulder went sheer
down some 30 feet or more on

all sides! If the foot stool of stones
was built up to my feet after I was
on the point I was very shaky – but
the leap which I used as a desk was
perfectly strong & equal to its work –
& the chasm was a grand one –
only spoilt (as usual) by the small
size of my paper. The outer shells
of the Coco de Mer are oval only the
inner nut is double. If one I eat the
first day had jelly enough in it to
fill an ordinary soup tureen – very good

スワルツィア・
グランディフォリア
Swartzia grandifolia
マーガレット・ミー画。
キュー王立植物園所蔵資料の
ミーのスケッチブックより。

23

稀少植物の保護

　1799年、アレクサンダー・フォン・フンボルト男爵は、南米のキナノキの伐採率の高さに懸念を示した。その50年後、彼の志を継いだリチャード・スプルースは、商品として使われる野生植物の資源は、人の手で栽培しない限り枯渇すると結論づけた。そして1844年、スリランカのペラデニヤ王立植物園の命を受けてセイロン島に到着したイギリスの植物学者ジョージ・ガードナーは「未来の植物学者は、過去の学者がセイロン島原産として科学史に残した多くの種を、虚しく探しまわることになるだろう」と述べた。

　人類が地球環境に有害な影響を与えている証拠は、アメリカでも記録されている。1847年、アメリカの文学者ジョージ・パーキンス・マーシュは、森林破壊に注目し、環境保護の観点から森林を管理する方法が必要だと訴えた。その後の半世紀で、アメリカでは自然環境保護を目的にイエローストーン、セコイア、ヨセミテ、グラント将軍（現キングズ・キャニオン）の各国立公園が設立された。同時にアメリカやヨーロッパでは、公害病や大気汚染、水質汚濁の問題の解決を求める環境運動も始まった。

　第2次世界大戦後、人類が環境に与える影響への関心はさらに高まった。それに応えて、1948年、世界初の国際的な自然保護団体である国際自然保護連合（IUCN）が発足する。次いで1970年、史上初の絶滅危惧植物のリスト「レッド・データ・ブック」が編纂さ

れた。編集者の植物学者ロナルド・メルヴィルは、今後もその存在を確実に維持し続けるためになんらかの保護が必要な植物は、2万種にのぼるとの驚くべき推論を導き出した。

　間もなく科学界は、商業的開発によって特定の動植物が危険にさらされているとの結論を出す。その結果、絶滅のおそれのある野生動植物の種の国際取引に関する条約（通称ワシントン条約、CITES）が1975年に発効した。2017年現在、182カ国とEUが締約している。動植物は、保護の必要性に応じて3つの付属書に振り分けられている。付属書Iには、CITESのリストのなかでもっとも絶滅が危惧される動植物が掲げられ、国際的な商取引が禁じられている。付属書IIには、すぐに絶滅するおそれはないものの、絶滅を避けるために輸出許可書の発行で厳しく管理すべき動植物が、付属書IIIには、ほかの加盟国による取引制限の協力が必要な種が、それぞれ記載されている。現在約3万の植物種がCITESに保護され、国際取引を目的とする乱獲から守られている。

　1970–1980年代にかけて植物にまつわる知識が深まり、科学者は個々の種よりも生息地全体を保護するほうが重要だと気づき始めた。1963–1988年にニューヨーク植物園で、1988–1999年にはキュー王立植物園で園長を務めたサー・ギリアン・プランスは、植物と動物のあいだの相互関係を解き明かす先駆け的研究を行った。そしてブラジルのアマゾン地方をたびたび調査した結果、商品価値の高いブラジル・ナッツの野生種の収穫量は、周囲の熱帯雨林の健康状態に左右されると断定した。ブラジル・ナッツの受粉にはメスのシタバチが欠かせない。メスが惹きつけられるのは、ランの香り成分を多く集めたオスなのだが、そのランは未開の森でしか育たないのだ。

　植物画家マーガレット・ミーも、1950年代と1980年代にアマゾンを定期的に訪れた。熱帯雨林の破壊を目の当たりにしたミーは、自らの絵に花だけではなく原生地のようすも加え始める。植物と自然環境の相互関係を強調するためだ。1988年、死の直前に

ミーはこう書き残した。「アマゾンの森は大きく変わってしまった。リオネグロ沿いで私が描いた麗しい植物は消えていた。あそこを初めて旅したときの気持ちの高ぶりは忘れられない。ボートをゆわえたスワルツィアの木には白い花が咲き誇り、河畔の大きな木々に囲まれてえも言われぬ香りを放っていた。その変化は悲惨なほどで、木々が伐採され焼き払われた森は、この星の未来を憂慮させるばかりだった」

1992年、ブラジルのリオデジャネイロで初の環境と開発に関する国連会議(地球サミット)が開かれ、喫緊の環境保護問題と社会経済学的発展について議論された。出席した各国元首は、貧困国の需要を満たすための持続可能な開発と、地球規模の需要を満たすための開発の制限の認識を盛り込んだ行動計画に署名した。そのなかには、生物の多様性に関する条約(CBD)も含まれていた。この条約が目指すのは生物の多様性の保護、動植物の持続可能な利用の促進、そして遺伝資源から生じる利益の公正な分配だ。しかし、2006年の時点で、IUCNは全世界の既知の植物、キノコ、地衣類31万3655種のうち8393種が絶滅の危機にあると指摘している。

サー・ギリアン・プランス(1937年–)

幼少期のサー・ギリアン・プランスの楽しみは、花や鳥の卵、虫の幼虫を集めることだった。そこから植物学への情熱がふくらんだ。オックスフォード大学で植物学を学び、ニューヨーク植物園(NYBG)からの誘いを受け、アマゾン盆地の北端にあるスリナムへの探査旅行に加わった。その後10年間にわたり、熱帯雨林の植物調査に膨大な時間を費やした。彼の功績のひとつが、木の新種、アキオア・エドゥリス〈Acioa edulis〉の特定だ。5500キロにおよぶトランスアマゾニアン・ハイウェイによって森林破壊が進むと気づいてからは、環境保護を強く訴えるようになる。25年間NYBGでキャリアを重ね、1988年にキュー王立植物園の園長の職を受けた。キューが環境保護や植物の持続可能な利用法を重要視するようになったのは、プランスがきっかけである。

左ページ：アマゾンの熱帯雨林とその水系には、世界の淡水の5分の1が集まり、地上の生物種の10分の1が生息する。

上：イエローストーン国立公園は、自然区域保全のために1872年に設立された。

絶滅危惧植物の記念公園

　アーティストのウィレム・ボショフは、間もなく消滅する可能性のある1万5000種の貴重な植物に捧げる記念公園を作った。1万5000本の布製の花を使ったインスタレーションで、それぞれの花に絶滅が危惧される植物の詳細がプリントされている。この花は南アフリカのカーステンボッシュ植物園の芝の広場に「植え」られた。第1次大戦で戦死した兵士の追悼墓地を思わせる光景だ。ボショフは、フランドル地方のイーペルでケシ畑を見て、インスピレーションを得たという。この記念公園の目的は、これら絶滅危惧種の植物が実際に消滅したら世界が受けるであろう損失を明らかにすることだ。南アフリカは世界の絶滅危惧植物が最高密度で集中しており、そこに自生する2万2102の植物種のうち、1500種以上が近い将来絶滅する危険性が高いとされている。

下：ブラジル・ナッツ〈Bertholletia excelsa〉
トマス・クロクセン・アーチャー『有益な植物〈Profitable Plants〉』(1865年)より。
ブラジル・ナッツの収穫量は、熱帯雨林の健康状態に左右される。

アンズ
Prunus armeniaca
アントニオ・タルギオーニ・トッツェッティ
〈*Raccolta di fiori, frutti ed agrumi*〉
(1825年)より。

24 現代の植物園の役割

植物園の役割は数世紀にわたって変化してきた。イタリア・ルネサンス時代の初期の植物園は、薬草を育て医師が生薬について学ぶ場として造られた。18世紀の壮麗な大規模庭園は外来種の展示が目的だったので、キュー王立植物園のパーム・ハウスをはじめとする温室では航海家や探検家が遭遇した熱帯の原生地が再現された。19世紀に植民地で発展した植物園は科学的な実験拠点になり、同じ生育環境の植物をさまざまな国から集めて、ヨーロッパで商品にするために栽培した。植物園自然保護国際機構（BGCI）の事務局長サラ・オールドフィールドは「庭や植物園は、それらが造られた時代と、当時の一般的な思想を反映する」と述べている。

1987年に設立されたBGCIは、植物園に資源や知識を提供し、絶滅が危惧される野生植物の保全を手助けする組織だ。現在、ロンドンのキュー王立植物園横に位置するBGCIの本部は、世界120カ国2500カ所の植物園が手がける環境保全活動に協力している。その役割のひとつは、世界植物保全戦略を練り上げることだった。これは生物の多様性に関する条約から生まれた植物保護のための実行計画で、2002年に180以上の国々が賛同した。緊急措置を講じなければ、最悪の場合世界の植物種の3分の2が今世紀末までに絶滅するかもしれないとの認識に基づき、2010年までに達成すべき16の目標を設定している。たとえば、完全な世界植物誌を作るための第一歩として、既知の植物種のリストをまとめること、最低でも世界の各生態的地域の10パーセントを保全すること、そして植物を原料にした製品の30パーセントを持続的に管理された生産地由来にすることだ。

キュー王立植物園では、植物を試験管内で大量に増殖させるマイクロプロパゲーションという専門技術を用いて、絶滅寸前の植物種を回復させようとしている。そのおかげで、オーストラリアの科学者はウォレマイパインを保全することができた。イギリスでの実績のひとつは、カラフトアツモリソウ〈*Cypripedium calceolus*〉だ。アツモリソウは時代とともに減少し、自生種は1株を残すのみになった。ヴィクトリア時代にランが流行し、乱獲されたことが原因だ。当時、黄色い袋状の唇弁と深紅の萼片に魅了された人々が、カラフトアツモリソウを何千と集めた。しかし、アツモリソウは開けた白亜層の草地かマツの森でしか繁茂しないため、コレクターの大半は栽培に失敗した。初めのうちはキューの専門家もアツモリソウの種子を発芽させることができなかったが、ついにカナダの専門家から連絡があり、未熟な種子を使ってなんとか別のアツモリソウ属〈*Cypripedium*〉の発芽に成功したことがわかった。

一方スウェーデンでは、ランの栽培家兼小児科医が、一般には未熟児に与える栄養分を混ぜてアツモリソウを育てると種子も発芽することを発見していた。キューの研究者がその栄養分を含むゼラチンで未熟な種子を育ててみたところ、ほぼ100パーセントの確率で

下：キュー王立植物園のパーム・ハウスは、プラント・ハンターが遠方からロンドンに運んだ熱帯植物を栽培するために建てられた。

発芽に成功するようになった。現在マイクロプロパゲーション・チームのスタッフは、毎年数百株のアツモリソウを栽培し、唯一残っていた野生の株に約100株を補っている。同じ技術で、ほかの貴重なイギリスのランも救えるとの展望も開けた。

キューは、豊富な知識と資源を使って、ほかの植物園の自然保護計画の手助けもしている。1995年、カリブ海のモントセラト島のスーフリエール・ヒルズ火山が約300年ぶりに噴火した。その後2年間にわたり、火山灰や火山ガスが噴き出し、泥流が首都プリマスや近隣の村々を覆いつくした。島の植物園はもちろん、コウモリやトカゲ、チョウ、鳥の住み処だった原始の姿そのままの広大な雲霧林も犠牲になった。現在、島の植物の半分以上が喪失したが、センター・ヒルズ付近の雲霧林はかなり無傷で残っている。キューは島民たちとともに、このエリアの生物の多様性

上:ヨルダンのアンマンでは、新たな植物園が建設中だ。農業作物の野生種の保護が目的である。

上:モントセラトの火山の噴火が、植物園もろとも首都プリマスを飲み込んだ。

下:カラフトアツモリソウ〈*Cypripedium calceolus*〉

ウォレマイパイン〈*Wollemia nobilis*〉

1994年、オーストラリアのニューサウスウェールズ国立公園と野生生物局の職員が、シドニーから150キロ離れたブルー・マウンテンズ地区で見慣れないマツの木立を発見した。これがチリマツやカウリマツの仲間のウォレマイパインで、新種の属であることがわかった。3つの種が属するこのナンヨウスギ科は、恐竜の時代にまで遡る化石が残っている。キュー王立植物園は、現存する100本そこそこのウォレマイパインをプラント・ハンターから守るために、繁殖計画の一端を担った。現在ウォレマイパインは、わざわざ野生種を手に入れなくても、世界各地の園芸店で買うことができる。

を把握し、植生図と絶滅危惧種の「レッドリスト」を作り、島原産の植物を展示する植物園を新築するために尽力してきた。

　島固有の3つの植物種のうちふたつは、新たな植物園で苗が育てられ、種子もウェイクハースト・プレイスのミレニアム・シード・バンクに収められたため、保護が完了した。そのひとつはコーヒーの仲間であるロンドレティア・ブクシフォリア〈Rondeletia buxifolia〉、もうひとつはランの一種エピデンドラム・モントセラテンス〈Epidendrum montserratense〉だ。3番目の固有種ザイロスマ・セラータ〈Xylosma serrata〉は1979年以来目撃情報がないが、乾燥標本がロンドンの自然史博物館に所蔵されている。

　ヨルダンのアンマン近郊では、180ヘクタールの敷地に植物園が建設中だ。やはり固有種の保護が目的だが、これは地球規模の重要な問題でもある。というのも、この地域原産の植物には、小麦、大麦、オートムギ、ニンニク、タマネギ、レンズマメ、ピスタチオ、アーモンド、アプリコットといった食用作物も多いためだ。この乾燥地帯の植物のおかげで、中東で文明が発達し、世界へ広まった。しかし、数世紀にわたって耕作が続いた結果、主食として育てられる植物の多くが祖先の野生種のような遺伝的多様性を失った。それが原因で、栄養価が低くなったり、病気や気候変動の影響を受けやすくなったりするのだ。気候変動が定着しつつある現在、こうした食用作物の野生種を保護することが、世界の人口を維持するためには不可欠かもしれない。

アーモンド
Amygdalus communis

フランソワ・ルノー
『有用植物誌〈La botanique mise a la portee de tout le monde〉』（1774年）
およびジョルジオ・ガレシオ
『イタリアの果実〈Pomona Italiana〉』
（1820年）より。

25

現代の
プラント・ハンター

数世紀前の植物採集と比較すると、現在は
その手法も動機も変化しているが、プラン
ト・ハンターの旅はまだまだ終わりそうもな
い。世界植物保全戦略の目標のひとつに、完
全な世界植物誌を作るための第一歩として、
既知の植物種すべてのリストを完成させるこ
とが掲げられている。野心的な目標なので、
達成するにはかなり時間がかかるだろう。こ
れから多くの種が発見されれば、新たに名前
をつけて詳細を調べなければならないのだか
らなおさらだ。現在、年間2000もの新種の
植物が発見されている。「失われた世界」とも
呼ばれるニューギニア島では、過去10年間
で新種のヤシノキ5種類と大きな花をつけた
ロドデンドロン1種類が専門家によって発見
された。カメルーンでは植物とキノコで50
の新種と変種がみつかり、マダガスカルでは
花をつけた大きなヤシの一種、タヒナ・スペ
クタビリス〈Tahina spectabilis〉が見出され
た。

　西オーストラリア州は特に新種の宝庫だ。
植物学者グレッグ・ケアリーは34年間を費
やして、大陸のほぼ3分の1を占めるこの
オーストラリア最大の州の植生を研究した。
それにより顕花植物に75の新たな分類群と
ふたつの種を追加し、ウェスタンオーストラ
リア植物標本館に3万2000点の標本を新たに
加えた。現在も年間3カ月は植物採集の旅を
している。丈が低くピンク色の花をつけるス
ティリディウム・ケアリー〈Stylidium

keigheryi〉や、春に緑色の花をつけるスゲの
仲間エレオカリス・ケアリー〈Eleocharis
keigheryi〉は、調査旅行の成果だ。「西オー
ストラリアは顕花植物の多様性が非常に高
い。この地域一帯の固有種の基本情報を早急
に集める必要がある」とケアリーは述べてい
る。

　とはいえ、現代のプラント・ハンターの旅
すべてが植物への純然たる知識欲のために計
画されるわけではない。たとえば、夫婦で植
物採集のチームを組むブレディンとスーの
ウィン＝ジョーンズ夫妻がヨルダン、台湾、
日本、ネパール、スリランカ、ベトナム、グ
アテマラ、韓国へ赴くのは、北ウェールズで
ふたりが経営する種苗園、クリュッグ・
ファーム・プランツのために新しい植物を探
すことが目的だ。持ち帰った珍しい種を販売
して生計を立てつつ、複数の異なる場所で栽
培することで植物を保護する狙いもある。ふ
たりがイギリスの園芸界に紹介した植物の例
をあげると、クレマチス・スユアネンシス
〈Clematis szuyuanensis〉や台湾原産のアク
タエア・タイワネンシス〈Actaea taiwanensis〉
がある。「私たちが採集旅行に出るのは、新
しい植物、栽培されていない植物をみつける
ためだ」とブレディンは語る。

左ページ：キュー王立植物
園、植物標本室所蔵の標本
シート。採集された植物の
莢、花、葉、場合によっては
樹皮が、数枚の紙に固定さ
れる。

右上：この花をつけたヤシ
の一種〈Tahina spectabilis〉
を科学者がマダガスカル
で発見したのは、ごく最近
のことだ。

141

上：ウェイクハースト・プレイスの樹木のコレクションは、1987年の大嵐の後に改善された。

　一方、キュー王立植物園のトニー・カーカムが植物採集にのめりこんだきっかけは、1987年にイギリスを襲った大嵐だった。キューの樹木園責任者を務めていたカーカムは、嵐の影響で大半が喪失した耐寒性の高い木々をふたたび集めることになった。しかし、カーカムのチームは嵐を好機ととらえ、失われた種をただ補う代わりに、キューとその姉妹園であるウェストサセックス州のウェイクハースト・プレイスの植物の構成を改善しようと決める。チームはキューの植物の分類学的弱点と、ウェイクハースト・プレイスのコレクションの地理学的弱点を考え、望ましい植物種を探して持ち帰ることに着手した。カーカムによると、チームは「1989-2003年のあいだに、『温帯の環状地帯』と名付けた韓国、台湾、日本の北海道、ロシア極東、それに中国が含まれる地域を訪れた」そうだ。

　植物採集の旅に出ると、カーカムは種子だけを集める。若木を原生地から別の国に持ち込んでも、新しい環境にうまく順応しないためだ。また、種子から育てれば、有性生殖のおかげで幅広い遺伝子情報を持つことになる。この点は人間と同じで、同じ両親から生まれるこどもたちは両親から半分ずつ遺伝子を受け継ぐので、その組み合わせは無限に近いのだ。種子を採集するたびに、カーカムはその植物の葉と花のサンプルも集めるそうだ。これらは乾燥されてキューの標本室で保管される。「標本室の標本は生きている植物以上の価値がある」とカーカム。「現地では、花がなかったりみすぼらしい個体だったりすると、植物に誤った名前をつける可能性がある。だが研究室に戻って分類学の専門家に乾燥標本を渡すと、正確な名前を教えてくれる。生きている植物を持ち込んでも枯れたり定着しなかったりするが、標本室の標本は永遠に生き続けるのだ」

上:スティリディウム・ケアリー〈*Stylidium keigheryi*〉の名称は、発見者の植物学者グレッグ・ケアリーにちなむ。

下:西オーストラリア州環境保護局の職員グレッグ・ケアリー。

ウィルソンの足跡を追って

　トニー・カーカムと、長年採集旅行の相棒を務めてきたマーク・フラナガンは、中国で種子を集めているあいだにプラント・ハンターの先人であるアーネスト・ヘンリー・ウィルソンへの興味をかきたてられた。ふたりは、ウィルソンがしばしば中国を訪れていたことを知る。さらに、集めたコレクションのリストを作るためにキューの標本を調べ始めると、標本提供者としてウィルソンの名前が記されたシートが次から次へと現れた。トニーの回想を紹介しよう。「2003年、私たちは中国の磨西という場所を訪れた。市長と会食しながら、磨西に巨大な木はないかとたずねた。すると、あったのだがその木は枯れてしまったという。実際現地に行ってみると、以前資料で見たことがある木だった。そこでキューにEメールを送り、写真を探してスキャンして送ってほしいと頼んだ。翌朝届いた写真から、ふたつはまさに同じ木だとわかった。その写真が撮影されたのは1908年、撮影者はアーネスト・ウィルソンだった」

144 ｜ 25……現代のプラント・ハンター

左ページ：キューの標本室の標本シート。これはマダガスカル原産のホウボク〈*Delonix regia*〉の花と葉のサンプルである。

上：最近はニューギニアの「失われた世界」で多くの新種の植物が発見されている。

右：キュー王立植物園の樹木専門家トニー・カーカム。

26 植物界の侵略者

シマトベラ
Pittosporum undulatum
アンリ＝ルイ・デュアメル
『フランス樹木誌』（1800-19年）より。

　無数の植物や種子が世界中をめぐることがもたらすマイナス要素は、「侵略的外来種」の移動だ。適切な環境で天敵がいない異国の地に到達した植物は、またたく間に定着することが多い。恰好の花粉媒介者や種子の飛散方法に出会った外来種も、勢力範囲を広げてきた。一部ではあるが、元の自生地よりも新しい土地のほうで勢いよく繁茂する例もある。特定の土地の植物相をある植物が崩壊させると、その植物は「侵略的外来種」とみなされる。たとえば、クレマチス・ヴィタルバ〈*Clematis vitalba*〉は、ヨーロッパ南部、西部、中央部の原生地では無害の蔓植物だ。しかし、1930年代に帰化したニュージーランドでは、低木地や森林一帯で荒々しく繁茂し、20メートルの高さの木を覆いつくして窒息させた。

　プラント・ハンターと、彼らを雇う植物園や種苗園は、外来植物の移動に加担してきたと言える。たとえば、オーストラリアのシマトベラ〈*Pittosporum undulatum*〉が広まったのも、イギリス植民地の植物園同士のやりとりが始まりだ。ジャマイカのシンコナ植物園には1870年に初めて持ち込まれたが、今や自然のままだった山地の多雨林を侵略している。現地の自生樹木より早く花をつけて実を結ぶため、花粉媒介者をめぐる競争がほとんどないこと、葉に含まれるオイルや樹脂が近くに茂る植物にとっては毒であること、そして多くの種をつけ、それが鳥によって新しい土地へ運ばれること、これらの要素すべてが、シマトベラが新たな土地で大いに繁茂している原因だ。ジャマイカに侵入したのと同様に、南アフリカや、オーストラリアの自生地以外の地域、そしてハワイでも問題になってきた。

　色鮮やかなランタナ〈*Lantana camara*〉の花は、中南米からヨーロッパに持ち込まれるや、庭花として人気を博した。植民地の宗主国が熱帯地方にも手を伸ばすにつれて、ランタナの花も広く拡散した。現在、少なくとも50カ国で侵略的外来種として問題視されている。南アフリカでは1880年に持ち込まれて以来、自然林やプランテーション、過放牧の草原や焼き畑の土地、果樹園、岩だらけの丘や耕作地にまで侵入し続けている。ガラパゴス諸島のフロレアナ島に装飾用として運ばれたのは1938年だった。1970年以降、ランタナは島の高木スカレシア〈*Scalesia pedunculata*〉の森や、枯れたクロトン〈*Croton*〉、マクラエア〈*Macraea*〉、ダーウィニオタムヌス〈*Darwiniothamnus*〉に取って代わった。レコカルプス・ピナティフィドゥス〈*Lecocarpus pinnatifidus*〉の3つの個体群のうちふたつと、スカレシア・ヴィローサ〈*Scalesia villosa*〉の個体群は、どちらもガラパゴス諸島最小の島フロレアナ

島の固有種だが、この外来種が猛威を振るい続けると激減するかもしれない。ランタナがセロ・パハス山の火口付近に到達したら、ガラパゴス諸島のシロハラミズナギドリの最後の営巣地が危機にさらされるだろう。ランタナの灌木はトゲだらけでしかも密生するので、鳥が繁殖地で巣穴を作るのが難しくなるためだ。

ロドデンドロン・ポンティクム〈Rhododendron ponticum〉も、観賞植物として世界各地に運ばれた。ヨーロッパ南東部とアジア西部が原産地のロドデンドロン・ポンティクムは、1793年にキュー王立植物園に持ち込まれ、すぐに園芸家のチャールズ・ロッディジーズによって広められた。裕福なヴィクトリア朝の貴族は狩猟用のキジの隠れ場所になるように、それを邸宅の敷地に植えた。そこからロドデンドロンは野生化し、酸性土のほぼ自然植生に近い森林地帯を覆いつくした。ロドデンドロン属のほとんどの仲間は侵略的ではないが、ロドデンドロン・ポンティクムは例外で、オークの混合林にまたたく間に入り込む。すると地面に近いコケ類や草、低い灌木は、日光を遮られる。たとえ始まりはひと株でも、地面に落ちた枝が根を出すと、100平方メートルを覆うほどに生長するのだ。イギリスのランディ島では、ロドデンドロン・ポンティクムがランディ・キャベツ〈Coincya wrightii〉とそれをエサにするノミハムシの仲間〈Psylliodes luridipennis〉を脅かしている。断崖絶壁や側溝にも繁茂するこの外来種を島から根絶やしにするのは難しいだろう。1997年には、1ヘクタールに繁茂するロドデンドロン・ポンティクムを駆除するボランティア活動に226時間かかっている。

上：ランタナ〈Lantana camara〉は色鮮やかで美しいが、侵略的植物だ。鳥が種を運ぶのでまたたくまに広まる。

クレマチス・ヴィタルバ
Clematis vitalla
フリードリヒ・ゴットロープ・ヘイン
『薬用植物誌〈Getreue darstellung und beschreibung〉』
（1805年）より。

148 | 26……植物界の侵略者

侵略的外来種5種

チガヤ〈Imperata cylindrica〉

東南アジア原産で73カ国に侵略しているとされるチガヤは、マツの森林地帯、砂丘、湿地帯、草原地帯にはびこる。多くの庭師は、野生の緑色のタイプよりも侵略的には見えない葉先の赤い紅チガヤを栽培する。しかし科学者はこの2種類が交雑し、より耐寒性の強い侵略的な種が生まれることを懸念している。

イタドリ〈Fallopia japonica〉

イギリス、ヨーロッパ大陸、オーストラリア、ニュージーランド、北米に重大な害を与えている。密度高く繁茂し、障害があるときは地下茎を数メートルも伸ばすので、不利な条件の場所から離れたところで新たな群生を作ることができる。この抜け目のない繁殖能力によって、イタドリを完全に駆除することは、化学薬品の手を借りても非常に難しい。

ホテイアオイ〈Eichhornia crassipes〉（右イラスト）

世界でもっとも有害な草のひとつとみなされているにもかかわらず、このブラジル原産の水草は、観賞用にしばしば池で栽培される。スポンジ状の浮き袋の上に大きな藤色の花を咲かせる。湖から排水溝まで、あらゆる淡水環境で大量に繁茂するので、水上交通が麻痺することもある。

ウスバサルノオ〈Hiptage benghalensis〉

香り高い魅力的な花からは、この植物の恐ろしい本性は想像できないだろう。蔓植物なのでほかの木の頂上まではいのぼり、しまいには絞め殺す。レユニオン島、モーリシャス島、ハワイ、フロリダにすでに侵入したとの報告がある。国際自然保護連合（IUCN）は侵略的外来種ワースト100のひとつにあげている。

バイカルハナウド〈Heracleum mantegazzianum〉（下写真）

この植物の巨大な葉と3メートルの高さに咲く花は、どんな草よりも目立つ存在だ。大量に種をこぼし、群生地を作り、森や水路沿いの原生植物を駆逐する。イギリスとアメリカでは侵略的外来種だ。化学物質を含み、触れると皮膚がただれ傷跡が一生残る。

ヤグルマギク
Centaurea cyanus
フリードリヒ・ゴットロープ・ヘイン
〈*Getreue darstellung und beschreibung*〉（1805年）より。

未来のための種子の備蓄

1990年代半ば、キュー王立植物園の科学者が、保全管理だけを目的に世界中の種子を集めるシード・バンク(種子銀行)のアイデアを思いついた。新たな植物群を作る可能性が開けるので、シード・バンクは森林伐採や砂漠化に脅かされている植物の命綱になるとの着想だ。1995年、キューは千年紀組織委員会にミレニアム・シード・バンク・プロジェクトをウェストサセックス州の姉妹園、ウェイクハースト・プレイスに設立することを提案し、受諾された。2000年、種子の保管専用に設計されたウェルカム・トラスト・ミレニアムビルがオープンし、2008年にはイギリスの植物相の96パーセントにのぼる種子を保存した。2010年までに世界中の植物の10パーセントの種子を保管することを目標に掲げ、さらに2020年までに世界の植物の4分の1の種子を集めるとしている。「これまでに2万3000種の種子を入手した。数にして10万個以上にのぼる」とミレニアム・シード・バンクの代表ポール・スミスは語る。「国連提唱の環境アセスメントであるミレニアム生態系評価は、6–10万の植物種が絶滅の危機にあると見積もっている。これは植物種の総数の約3分の1に当たる数だ。シード・バンクには世界の種子の約半分を収められる充分なスペースがあるので、世界各地の稀少種や絶滅危惧種のすべてを確実に保存できる」という。

ミレニアム・シード・バンクはその存在意義をすでに実証している。たとえば、自然界では絶滅した種や、非常に稀少な種の種子も手に入れた。そのなかにはイギリスの固有種で、1972年以来野生種は絶滅したイネの仲間、ブロムス・インタラプタス〈*Bromus interruptus*〉や、近代農法に脅かされているヤグルマギク〈*Centaurea cyanus*〉も含まれる。外来種では、南アフリカ原産で世界でもっとも稀少な植物のひとつ、キリンドロフィルム・ハリー(春鉾)〈*Cylindrophyllum hallii*〉があげられる。この種は1960年以来目撃されていなかったが、2001年に収集家チームが発見し、その種子を集めることに成功した。さらに探索した結果、南アフリカの北ケープ州の群生地もみつかった。しかし、300株のうち半数以上が枯れたり枯れかけたりしていた。チームは85株から種子を集め、採集可能な株のうち5パーセント以下を持ち帰った。そこからミレニアム・シード・バンクでは107の苗を育て、現在は新たな種子も保存できている。2002年に採集地をふたたび訪れると、元のキリンドロフィルムはすべて枯れ、生き残っていたのは付近の別の群生地の6株だけだった。貯蔵種子があれば、将来的に南アフリカ自然保護機関がこの植物をふたたび繁茂させることも可能なのだ。

ミレニアム・シード・バンクは非常に活動的だ。貯蔵種子は世界中のプロジェクトで利用されてきた。570万ヘクタールの土地が塩化に見舞われているオーストラリアでは、150以上の耐塩性の牧草種が実験的に使われている。また、エジプトでは、干ばつに強い種が農産物の収穫増と砂漠化との闘いにひと役買っている。パキスタンでは、薬草の種子のコレクションに助けられ、野生の資源のか

右:ウェイクハースト・プレイスのミレニアム・シード・バンクは、2010年までに世界の植物の10パーセントの種子を貯蔵することを目指した。

わりに栽培植物から治療薬が作られている。なにしろパキスタンでは、薬剤用に年間2万トンの植物原料が必要なのだ。

種子が持ち込まれるたびに、科学者は正確な採集場所を記録するとともに、群生の固体数や、それが直面する脅威を細かに記録する。

2009年末までに、シード・バンクには世界の4万の植物群データが集まることになりそうだ。気候変動の影響が懸念される昨今、このデータと今後の観測は、新たな気候や環境にさまざまな種がどう反応するかを示す非常に貴重な資料として、優先的に保護するべき種を正確に特定する際に役立つだろう。

太古の種子の発掘

種子貯蔵の試みは、自然界に留まらず、考古学的調査にも広がっている。ミレニアム・シード・バンクの収集研究チームの責任者ドクター・フィオナ・ヘイは、先だってペルーを訪れ、太古のミイラとともに埋葬された種子をよみがえらせることができないか調査した。インカ帝国の農民は、15世紀に500種類の植物を栽培していたことで知られる。栄養豊富なカタクチイワシを肥料として国中に広め、洗練された段畑と水路で苗木に水を引く灌漑システムも確立した。ミイラとともに埋葬された種子のなかには、それよりさらに古い時代に遡るものもあった。ドクター・ヘイは「ペルーは乾燥しているので、植物の保存状態が非常に良い」と述べ、「トウモロコシの完全な穂軸や大量の綿がいくつかのミイラとともに埋葬されていた」と説明した。

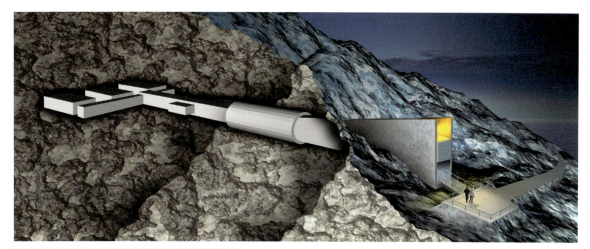

ブロムス・インタラプタス
Bromus interruptus
『ロンドン植物学ジャーナル
〈London Journal of Botany〉』
(1842–57年)より。

終末の日に備える貯蔵庫

　近年、シード・バンクの世界的ネットワークに、スヴァールバル世界種子貯蔵庫が加わった。北極圏の人里離れた山腹深くに造られたこの施設の目的は、既知の食用作物すべてを保存することだ。「終末の日に備える貯蔵庫」とも呼ばれ、シード・バンクの世界的ネットワークの予備倉庫として機能する。用地選定の際、専門家は気候変動や自然災害の影響を査定した。そして洪水の影響を受けず、電源が落ちても自然の冷蔵庫になるような寒冷地を選んだ。2006年に台風に襲われ破壊されたフィリピン国際シード・バンクの運命を考えれば、バックアップとなる施設が重要なのは明らかと言えよう。

左ページ：種子の保存は、保険契約のようなものだ。ヤシの仲間のヒファエネ・テバイカ〈*Hyphaene thebaica*〉(手前)のような干ばつに強い重要な植物や、ナツメヤシ〈*Phoenix dactylifera*〉(奥)をはじめとする食用作物を今後も確実に供給するための手段である。

上：ノルウェーのスヴァールバル世界種子貯蔵庫。食用作物の保護を目的に、北極圏の山腹深くに造られた。

下：自生する植物の種子の採集。科学者は正確な採集場所と植物群の情報を記録する。

アロエ・ディコトマ
Aloe dichotoma
別名タカロカイは、
温暖化に適応できない兆候を
見せている。

気候変動の影響

　現在世界の平均気温は、20世紀後半よりも0.76度高い。横ばいが続く1940年代半ばから1970年代半ばは別として、地球の気温は1910年以来一貫して上昇し続けている。原因は、産業革命以降増え続ける工場、精油所、発電所、車、飛行機が大気中に放出する排気ガスだ。それにより、地球の表面温度を保つ作用のひとつである温室効果が強められているのだ。科学者は、今世紀末には気温上昇が最大で4度に達する可能性があると予測する。

　温室効果がまったくなかったら、地球の温度は現在より33度低くなり、まるで月の平均温度のようになるだろう。だが実際は、地表面は太陽からの光エネルギーを吸収し、熱エネルギーとして再放出する。熱は二酸化炭素（CO_2）やメタンガスといった温室効果ガスによって閉じ込められる。自然環境下では、これらのガスはつねに「吸収場所」と「放出場所」でバランスが保たれてきた。たとえば熱帯雨林と大洋はCO_2の吸収場所で、湿地帯はメタンガスの放出場所だ。しかし現在、地球の自然環境の処理能力をはるかに超える量のガスが、人間のさまざまな活動によって大気中に放出されているのだ。

　植物は気候変動の最前線に置かれている。大きな温度変化に耐えられる、もしくは広範囲に種を飛ばすことができる植物は、温暖化が進んでも問題ないかもしれない。しかし、現在の環境に高度に適応した植物や、種を飛ばすことができない植物は、稀少種になるか、完全に消滅するだろう。地球環境の変化で人類の未来が危険にさらされる可能性を考慮して、火星移住計画を進めるべきだと主張する科学者もいるほどだ。

　2004年、世界中の科学者の協力により環境変化に関する研究が実現し、地球の20パーセントを網羅する、生物多様性が豊かな地域6カ所の調査が行われた。すると気候変動が原因でその地域の15-37パーセントの動植物種が2050年を待たずに絶滅に追いやられる可能性があると指摘された。ナミビアと南アフリカで生育するアロエ・ディコトマ〈*Aloe dichotoma*〉は、すでに気温上昇に脅かされている。50カ所の生育地の観察で、気温が高い丘陵地に育つアロエ・ディコトマの枯死率が低地よりも高いとわかった。枯死率は赤道に近い生育地域北部のほうが、より涼しい南部よりも高かった。

　科学者は、生物季節学（フェノロジー）の記録を用いて、さまざまな植物が気候変動にどう反応するか検証を始めている。フェノロジーとは、季節の移り変わりとそれに伴う生物の活動（たとえば春の木の芽吹きや秋の紅葉）とのかかわりを調査、観察する学問だ。2006年に最大規模の調査研究が行われ、1971-2000年のあいだにヨーロッパ21カ国で集められたデータを対象に、17カ国の科学者が12万5000件の記録と観察情報を分析した。その結果、542の植物種と19の動物種の記録から、現在は植物の開芽、開花、結実の78パーセントが早まっていることが判明した。平均すると、ヨーロッパの春は以前より6-8日早く訪れ、10年ごとに2日半ずつ前倒しになっている。

　イギリスでは、大木の種類によって温暖化への反応が異なるようだ。スズカケノキやサンザシ、シデは明らかに芽吹きが早くなったが、トネリコとブナの変化は小さい。長い時間をかけて、これらの仲間が種のあいだの力関係を変え、やがては森の勢力図を塗り替えるかもしれない。たとえば大きな葉を持つスズカケノキが落葉樹の森に入り込めば、森はスズカケノキに支配されるだろう。スズカケノキよりも開芽が遅いほかの木々は日陰にさ

155

れてしまうためだ。アメリカ南部では、植物の葉のつき方が遅くなってきた。科学者によると、多くの木が一定期間続く冷え込みとその後の気温上昇を合図に開芽のタイミングを知るらしい。しかし南部では平均気温が上昇したので、植物が充分な寒さにさらされなくなったのだ。

休眠状態を破る合図に寒波を利用する植物のなかには、商業的に栽培されているものもある。クロスグリはその一例だ。こうした食用作物が気候変動にどう反応するかは、人類にとって非常に重要な問題だ。多くの作物は、数世紀にわたって人の手で栽培されるあいだに遺伝的多様性を失ったため、気候変動の影響を受けやすくなっている。「地上には

上：イギリスでは、気候変動による高温化への反応が木によって異なる。

赤い星を緑の惑星に

地球の人口が2300年までに90億人に達し、熱帯雨林等の自然資源が持続不可能な使い方をされるという予測に基づき、科学者は人類の別の惑星への移住を提案した。候補地のひとつが火星だ（右写真）。生命維持に必要な二酸化炭素、水、酸素が土壌に含まれているためだ。科学者は、火星を人類の居住可能な星に改造することは可能だろうと考え、その工程を「地球化計画（テラフォーミング）」と名付けた。重要なのは、火星の大気の濃度を増し（現在の大気濃度は地球の1パーセント）、マイナス60度にまで下がる気温を上昇させることだ。大気の濃度が増して気温が上がれば、土壌には農業を維持できる潜在性がある。計画が実現したあかつきには、プラント・ハンターと植物学者が地球から草木を調達し赤い星を緑の惑星に変える責務を負うだろう。

156 | 28……気候変動の影響

上:豪雨に見舞われたスペイン、ガリシア州ボイオ付近のビーチ。流れ込んだ土砂をブルドーザーが取り除いている。2006年は、このスペイン北西部の州が大きな打撃を受けた年だった。森林火災が州の広範囲に影響を及ぼし、続く豪雨で土砂が沿岸部に押し流され、クリスマス時季のエビ漁が壊滅的損害を受けた。

食用植物が3万種以上あるが、現在私たちが頼っているのはそのうち約12種にすぎない」とキュー王立植物園の園長スティーヴン・ホッパー教授は語る。そのため、今後の気候変動に耐え得る新たな食用作物を発見することが、次世代のプラント・ハンターの役割のひとつになるだろう。湿度の高い熱帯雨林や乾燥したサバンナで彼らが発見する植物が、人類の未来を決定づけるのかもしれない。

早期開花

　1952年、キュー王立植物園の植物学者だったナイジェル・ヘパーが、植物の開花日を観察し始め、50年間記録をとり続けた。彼の退職後も、キューは高木、灌木、球根、草本植物を含む100種類の観察を継続した。これらの植物は現在、「キューの100種」として知られている。データの分析で驚くべき発見があった。たとえば、かつては初夏に開花していたノイズ・ライラックが、春の終わり頃に花をつける傾向が見られた。一方1950年代には2月末だったスノードロップの開花日が、1990年代以降は1月に早まっていた。2008年、ラッパスイセン〈Narcissus pseudonarcissus〉は1月16日に開花した。これは、2007年に記録されたもっとも早い開花日より7日早く、1950年代の平均開花日である3月9日より52日も早い日付だった。

索引

あ

アーモンド〈*Amygdalus communis*〉 010, 102, 139

アカキナノキ〈*Cinchona pubescens*〉 060, 102

アカシア属 054

アクタエア・タイワネンシス〈*Actaea taiwanensis*〉 141

アフリカン・ブラックウッド 011

アヘンおよびアヘン戦争 015, 098, 099

アルハンブラ宮殿 015

アルム・ペダツム 057

アロエ・ディコトマ〈*Aloe dichotoma*〉 154, 155

アンズ〈*Prunus armeniaca*〉 136

アンセリカ科 071

い

イスラム教徒と植物 006, 015, 017, 093
——庭園参照

イタドリ〈*Fallopia japonica*〉 149

イチジク〈*Ficus carica*〉 006, 015

イチョウ〈*Ginkgo biloba*〉 042

う

ヴィーチ園芸商会 089

ウィルソン，アーネスト・ヘンリー 089, 090, 143

ウェイクハースト・プレイス 025, 139, 142, 151, 155

ウォーディアン・ケース（ウォードの箱） 103, 106

ウォレマイパイン〈*Wollemia nobilis*〉 137, 138

ウスバサルノオ〈*Hiptage benghalensis*〉

149

ウツクシモミ〈*Abies amabilis*〉 076

え

エキノカクタス・コルニゲルス
〈*Echinocactus cornigerus*〉 040

エジプトの治療薬 009, 010, 011

エッセンシャル・オイル 018

エピデンドルム・フォエニセウム
〈*Epidendrum phoeniceum*〉 120

エリカ 065

エレオカリス・ケアリー 141

エンケファラルトス・アルテンステイニイ
〈*Encephalartos altensteinii*〉 066, 067

エンジュ〈*Styphnolobium japonicum*〉
042

エンデヴァー号 053, 057

お

オウバイ 014

王立園芸協会（ロンドン園芸協会） 054, 076, 077, 105, 107

王立協会 048, 053, 054, 069

オーストラリアの植物 053, 054, 069, 070, 071

オオムラサキツユクサ〈*Tradescantia virginiana*〉 039

オックスフォード大学植物園 022

オドントグロッサム・ロッシ・アメシアナム〈*Odontoglossum rossi amesianum*〉 116

か

カーカム，トニー 142, 143, 145

カーネーション 029

が

ガストロロビウム・カリキヌム 070

カッシア・マクロフィラ 058

カトレア 117, 118

カニンガム，アラン 053, 054, 070, 071, 072

ガマ，ヴァスコ・ダ 006, 017

カルペパー，ニコラス 021, 025

カンパニュラ・サクサティリス 021, 023

き

気候変動と植物への影響 006, 049, 094, 139, 152, 153, 155, 157

キナノキ 041, 060, 061, 082, 102, 103, 133

キニーネ 060, 061, 103

キバナノクリンザクラ 029

キャベツ 049, 081, 148

キュー王立植物園，キュー・ガーデン 006, 007, 022, 025, 042, 045, 053, 054, 061, 063, 065, 066, 067, 070, 071, 081, 089, 101, 103, 117, 126, 133, 134, 137, 142, 145, 148, 151, 157
——パーム・ハウス 066, 137
——パゴダ（仏塔） 042

キリンドロフィルム・ハリー（春鉾）
〈*Cylindrophyllum hallii*〉 151

く

クック，ジェームズ（キャプテン・クック） 015, 053, 054, 060, 065, 069, 126

グッド，ピーター 070

クラーク，ウィリアム 075, 076, 077, 078, 079, 095

グリーン・バードフラワー〈*Crotalaria cunninghamii*〉 069, 070

クリュッグ・ファーム・プランツ 141

クルシウス，カロルス　029, 030, 031, 066
久留米ツツジ　090
クレマチス　090, 141, 147, 148
クローブ〈*Syzygium aromaticum*〉006,
　017, 018, 019, 101

け

ケシ〈*Papaver somniferum*〉015, 082,
　091, 099

こ

香料諸島　017, 019
コーカシアン・エルム〈*Zelkova
　carpinifolia*〉042
コーヒーノキ　057, 102
国際自然保護連合（IUCN）133
ゴクラクチョウカ〈*Strelitzia reginae*〉
　054, 055
コショウ〈*Piper nigrum*〉016, 017, 018,
　097, 101
ゴム　111, 112, 113, 115
コロンブス，クリストファー　006, 017,
　019, 059, 093, 094
コンボルブルス・ブルガリス・メジャー・
　アルブス（サンシキヒルガオ属）
　〈*Convolvulus vulgaris major albus*〉
　129

さ

サキシフラガ・グラヌラータ〈*Saxifraga
　granulata*〉049
砂糖の取り引き　093
サトウヤシ〈*Arenga saccharifera*〉093
サンダルウッド〈*Santalum album*〉018,
　022, 025, 101

し

シクラメン・クレチクム〈*Cyclamen
　creticum*〉022
自然史博物館　054, 139
シナモン〈*Cinnamomum verum*〉017,
　018, 019, 021, 035, 100
ジャガイモ〈*Solanum tuberosum*〉014,
　015
　──疫病（アイルランド）015
『種の起源』049
初期の農業　014
植物園　006, 007, 132, 133, 137, 138, 141,
　145, 147
　──アンマン，ヨルダン　138, 139
　──オックスフォード大学，パドヴァ大
　学，ピサ大学参照　021, 022, 036
植物と芸術　125, 126, 129, 134
植物の保護　133, 134, 137, 138, 151
植物の命名法　047, 049
侵略的外来種　147, 148, 149

す

スイセン　015
スヴァールバル世界種子貯蔵庫　153
スコッティア・デンタタ〈*Scottia dentata*〉
　073
　──ボッシアエア・デンタタ〈*Bossiaea
　dentata*〉参照
スズカケノキ〈*Platanus orientalis*〉042
スタペリア・キリアータ〈*Stapelia ciliata*〉
　066
スティリディウム・ケアリー　141, 143
スパイス　006, 017, 018, 097, 098
　──バニラ参照
スプルース，リチャード　059, 060, 103,
　102, 133

スミミザクラ〈*Cerasus acida*〉075
スミレ　029
スワルツィア・グランディフォリア　132,
　134

せ

生物の多様性に関する条約　135
世界植物保全戦略　137, 141
絶滅危惧種と野生種　135, 138
センニンサボテン〈*Opuntia stricta*〉103
センペル・アウグストゥス　030

た

ダーウィン，チャールズ　047, 049
タカワラビ〈*Cibotium barometz*〉037
ダグラス，デヴィッド　076, 077
　──ダグラスファー〈*Pseudotsuga
　douglassi*〉074, 077, 076
タチアオイ　029
タヒナ・スペクタビリス〈*Tahina
　spectabilis*〉141
ダンピア，ウィリアム　069, 070

ち

チェルシー薬草園　021, 022
チガヤ〈*Imperata cylindrica*〉149
チャノキ〈*Camellia sinensis*〉104, 106
茶葉　083, 097, 098, 099, 101, 105, 106,
　107
中国とその植物　017, 036
チューリップ・ツリー〈*Liriodendron
　chinense*〉035, 036
　──北米のユリノキ〈*Liriodendron
　tulipifera*〉036
チューリップ・バブル　029, 030

159

チューリップ〈*Tulipa*〉 015, 028, 029, 030, 031, 032, 033

つ

ツンベルク，カール・ペーテル 065, 067

て

庭園（ムーア人） 015
庭園史博物館 036, 037
デーツ 010
テレビンノキ 009, 011
テンサイ 094, 095
　——サトウキビ 015, 093, 094, 095, 101, 103

と

トケイソウ 048, 051
トベラ属 052, 054, 069
トマト〈*Solanum lycopersicum*〉 047
トラデスカント，ジョン（父子） 035, 036, 037
ドラモンド，ジェームズ 070
トリチカム・ハイベルナム 014
トリトマ（クニフォフィア・ルーペリ）〈*Kniphofia rooperi*〉 067
トルコ（オスマン帝国）の植物 017, 029
奴隷売買 093–095
トワン，アンドレ 041, 043

な

ナツメグ〈*Myristica fragrans*〉 006, 017, 018, 019, 101
南米とその植物 014, 015, 019, 053, 059, 061, 063, 070, 081, 082, 093

に

ニオイアラセイトウ 029
ニゲラ・ヒスパニカ 126
ニセアカシア〈*Robinia pseudoacacia*〉 042
ニュウコウジュと乳香 006, 009

の

ノーブルモミ 077
ノミハムシ 148

は

バイカルハナウド〈*Heracleum mantegazzianum*〉 149
ハイグローブ邸の花譜 129
バウンティ号 057, 101
パクストン，ジョゼフ 063
初めての植物移動 009
初めての植物の輸入とプラント・ハンター 009, 010
バスカヴィル，トマス 021, 022
ハットフィールド・ハウスと庭園 035
パドヴァ大学植物園 021
ハトシェプスト女王 006, 009
バナナ〈*Musa*〉 015, 035, 057, 102
花の園（Hortus Floridus） 031
パナマゴムノキ 111, 112, 113
バニラ 118, 119
パパイヤ 049
バラ 029, 035, 036, 037, 047, 077
パラゴムノキ 111, 112, 115
パリ植物園 041, 042
ハンカチノキ〈*Davidia involucrata*〉 089
バンクシア・セラータ 069
　——バンクシア属参照

ひ

バンクシア属 054
バンクス，サー・ジョゼフ 053, 054, 057, 065, 066, 069, 070, 076, 101, 102, 126
パンノキ 057

ひ

東インド会社 065, 067, 097, 098, 099, 101, 105, 107, 117
ピサ大学植物園 021
ピスタチオ〈*Pistacia vera*〉 009, 011, 139
ヒファエネ・テバイカ〈*Hyphaene thebaica*〉 153
ヒポクラテス 021, 023
ヒマラヤの植物 105, 107
ヒマワリ〈*Helianthus*〉 029, 047, 128
ビュート伯 042, 043
肥沃な三日月地帯 014

ふ

フォーチュン，ロバート 105, 106, 107
ブスベック，オージェ・ギスラン・ド 029, 030, 031, 127
フッカー，ウィリアム・ジャクソン 081, 102, 126
フッカー，ジョゼフ・ダルトン 081, 082, 083, 084, 086, 102, 111, 112, 115, 126
ブラウン，ロバート 069, 070, 073
ブラベユム・ステラティフォリウム〈*Brabejum stellatifolium*〉 065, 066
プランス，サー・ギリアン 133, 134
フリンダース，マシュー 069, 070
プロテア 066
ブロムス・インタラプタス〈*Bromus interruptus*〉 151, 153
分岐論的命名規約（フィロコード） 049
プント国 006, 009, 011

フンボルト，アレクサンダー・フォン
　059, 060, 061, 063, 133

へ

ベジタブル・ラム　037
ベンサム，ジョージ　059, 126

ほ

ポーロ，マルコ　017
北米の植物　014, 015, 036, 065, 066, 075,
　077, 078, 079, 090, 094, 097, 149
ボスウェリア属〈Boswellia〉　009
ボタン〈Paeonia suffruticosa〉　007, 105,
　107
ボッシアエア・デンタタ　070, 073
ホテイアオイ〈Eichhornia crassipes〉　149
ボンプラン，エメ　059, 060, 061, 063

ま

マゼラン，フェルディナンド　006, 019
マッソン，フランシス　053, 054, 065,
　066, 067
マドリード王立植物園　041–043
マラリアと治療法　060, 061, 090, 103

み

南アフリカとその植物　054, 065, 066,
　067, 095, 117, 135, 147, 151, 155
ミルトゥス・アングスティフォリア
　〈Myrtus angustifolia〉　064, 066
ミルラノキ　006, 009, 010
ミレニアム・シード・バンク　139, 151,
　152

め

メース〈Myristica fragrans〉　006, 017,
　018, 019, 101
メコノプシス（ケシの仲間）　089, 091

も

モントレーマツ〈Pinus radiata〉　077

や

薬剤師　021, 022, 023, 025, 029, 031
薬草園　021, 022, 024, 041
ヤグルマギク〈Centaurea cyanus〉　150,
　151
ヤマブキ　054

ゆ

ユーカリ属　054, 071
ユリ　030, 063, 090, 125

よ

ヨウラクユリ　034, 129
ヨーロッパブドウ〈Vitis vinifera〉　055

ら

ラン　071, 081, 090, 097, 117, 118, 119,
　133, 137, 139
ランタナ〈Lantana camara〉　147, 148

り

リーキ　013, 129
リンネ，カール・フォン　047, 048, 049,
　065, 066, 067, 125, 126
リンネソウ〈Linnaea borealis〉　049

る

ルイス，メリウェザー　075, 076, 077,
　078, 079
ルバーブ〈Rheum rhaponticum〉　020, 021

れ

レヴァント・コットン〈Gossypium
　herbaceum〉　096
レッド・データ・ブック　133

ろ

ローマ人　006, 012, 013, 015
ローマ人が持ち込んだ植物　013, 014
ローマ人と作物　013, 014
ローマ人とリーキ　012
ロッディジーズ，チャールズ　148
ロドデンドロン（ツツジ属）　080, 081, 082,
　083, 089, 090, 091, 105, 126, 129, 141,
　146, 148
ロンドレティア・ブクシフォリア
　〈Rondeletia buxifolia〉　139

わ

ワシントン条約　133
ワタ，綿花　013, 015, 096, 097, 098, 101,
　102

[著者]
キャロリン・フライ
Carolyn Fry

ジャーナリスト、科学・環境保護、自然史の著述家。王立地
理学会刊行の "Geographical" 元編集者。BBC Online（科学
とテクノロジー）、BBC Wildlife、タイムズ、Kew magazin
等へ寄稿。王立地理学会フェロー。

[訳者]
甲斐理恵子
Rieko Kai

翻訳家。北海道大学卒業。おもな訳書に『水の歴史（「食」の図
書館）』『図説 世界史を変えた50の動物』（以上、原書房）、『ス
ター・ウォーズ ターキン』（ヴィレッジブックス）、『時の番
人』（静山社）などがある。

〈ヴィジュアル版〉

世界植物探検の歴史
地球を駆けたプラント・ハンターたち

2018年7月30日　初版第1刷発行

著者 ……………… キャロリン・フライ
訳者 ……………… 甲斐理恵子
発行者 …………… 成瀬雅人
発行所 …………… 株式会社原書房
　　　　　　　　　〒160-0022 東京都新宿区新宿1-25-13
　　　　　　　　　電話・代表 03(3354)0685
　　　　　　　　　http://www.harashobo.co.jp
　　　　　　　　　振替・00150-6-151594
ブックデザイン ……… 小沼宏之[Gibbon]
印刷 ……………… シナノ印刷株式会社
製本 ……………… 東京美術紙工協業組合

©Office Suzuki, 2018
ISBN978-4-562-05582-1
Printed in Japan

The Plant Hunters by Carolyn Fry
Text and Design © André Deutsch Limited 2009, 2017
A division of the Carlton Publishing Group
Japanese translation rights arranged with Carlton Books Limited, London
through Tuttle-Mori Agency, Inc., tokyo